Die Wasserstoffbrückenbindung
Eine Bindung fürs Leben

von
Dr. Aloys Hüttermann

Oldenbourg Verlag München

Dr. Aloys Hüttermann studierte Chemie an der Albert-Ludwigs-Universität Freiburg, legte 1997 seine Diplomprüfung ab und erhielt ein Jahr später den Steinhofer-Preis der Universität Freiburg für seine Diplomarbeit. 2001 promovierte er an der Ruhr-Universität Bochum mit einer Arbeit auf dem Gebiet der organischen Synthese.

Bibliografische Information der Deutschen Nationalbibliothek

Die Deutsche Nationalbibliothek verzeichnet diese Publikation in der Deutschen Nationalbibliografie; detaillierte bibliografische Daten sind im Internet über http://dnb.d-nb.de abrufbar.

© 2011 Oldenbourg Wissenschaftsverlag GmbH
Rosenheimer Straße 145, D-81671 München
Telefon: (089) 45051-0
www.oldenbourg-verlag.de

Das Werk einschließlich aller Abbildungen ist urheberrechtlich geschützt. Jede Verwertung außerhalb der Grenzen des Urheberrechtsgesetzes ist ohne Zustimmung des Verlages unzulässig und strafbar. Das gilt insbesondere für Vervielfältigungen, Übersetzungen, Mikroverfilmungen und die Einspeicherung und Bearbeitung in elektronischen Systemen.

Lektorat: Kristin Berber-Nerlinger
Herstellung: Constanze Müller
Titelbild: Dr. Malte Reimold
Einbandgestaltung: hauser lacour
Gesamtherstellung: Grafik + Druck, München

Dieses Papier ist alterungsbeständig nach DIN/ISO 9706.

ISBN 978-3-486-70679-6

Vorwort

Gehören Sie auch zu den Leuten, die Vorworte eigentlich grundsätzlich überblättern? Ich gehöre auf jeden Fall dazu und deshalb war die Abfassung dieses Vorworts eigentlich das Schwerste am Schreiben dieses Buches.

In meinem Buch möchte ich Ihnen über die Wasserstoffbrückenbindung berichten. Dieses Gebiet habe ich gewählt, weil ich Ihnen ein Buch über ein Thema aus der Chemie präsentieren wollte, welches

- zum einen so anschaulich ist, dass man es auch ohne ein Studium verstehen kann,
- zum anderen im Alltag und Ihrem täglichen Leben eine wichtige Rolle spielt, und
- zum dritten aber auch in der modernen Naturwissenschaft hochrelevant ist, so dass ich Ihnen nicht nur Ergebnisse präsentiere, die Jahrzehnte alt sind.

Dies sind drei Motive, die sich eigentlich widersprechen, aber ich bin der Meinung, dass mein Thema, die Wasserstoffbrückenbindung, eine Ausnahme bildet und tatsächlich alle diese Voraussetzungen erfüllt. Sie werden sehen, es lohnt sich, sich mit dieser Art von Bindung zu beschäftigen.

Dieses Buch hat in grober Einteilung drei Abschnitte. Dabei werde ich Sie, nachdem ich Ihnen erklärt habe, was eine Wasserstoffbrückenbindung ist (erster Abschnitt), von Alltagsphänomenen (zweiter Abschnitt) bis hin zu moderner Naturwissenschaft, bei der Wasserstoffbrücken eine wichtige Rolle spielen (dritter Abschnitt), führen. Und mit modern meine ich durchaus einzelne Forschungsprojekte und sogar ganze Forschungsgebiete, die in den letzten Jahren überhaupt erst entstanden sind.

Natürlich habe ich dieses Buch auch geschrieben, weil ich gerne schreibe. Hoffentlich lesen Sie es auch gerne!

Düsseldorf, im Juni 2011

Aloys Hüttermann

Inhaltsverzeichnis

Vorwort		V
1	Die „Bindung" in der Wasserstoffbrückenbindung	1
2	Die „Brücke" in der Wasserstoffbrückenbindung	11
3	Das „Wasser" in der Wasserstoffbrückenbindung	15
4	Die Ordnung im Eis	21
5	Auflösen wie Zucker in Wasser	27
6	Seifen und Zellen	35
7	Erkenne Dein Gegenüber	45
8	Jerry Donohue und die DNA	51
9	Wie man Wasserstoffbrückenbindungen sehen kann	63
10	„Nun wollen wir mal auf den Akzelerator treten..."	73
11	Stoffe, die sich selber bauen	89
12	Wie Avalokiteshvara und Durga	97
13	Abschluss und Danksagung	111
Literatur		113
Sachregister		119

1 Die „Bindung" in der Wasserstoffbrückenbindung

In diesem Buch soll es um die sogenannte Wasserstoffbrückenbindung gehen.

Das Wort „Bindung" setzt schon voraus oder sagt aus, dass sich etwas „zusammentut". In einem weiteren Sinne geht es in der ganzen Chemie fast ausschließlich um Bindungen. Bei einer Wasserstoffbrückenbindung handelt es sich dabei um eine Bindung zwischen Molekülen. Aber um dies genauer zu verstehen, müssen wir erst betrachten, wie überhaupt Bindungen funktionieren.

Dabei werde ich ganz grundlegend anfangen – aber keine Sorge, dies ist nicht so schwer zu verstehen! Somit können Sie, wenn Sie das, was ich gleich erzähle, z.B. aus Ihrer Schulzeit noch wissen, gern auch gleich zum nächsten Kapitel übergehen.

Bevor ich auf Bindungen eingehe, will ich als erstes über die „Bausteine" sprechen, die überhaupt Bindungen eingehen können. Die grundlegenden Bausteine in der Chemie sind die Elemente. Davon werden Sie sicherlich schon gehört haben. Diese Elemente bilden so etwas wie die Buchstaben eines chemischen Alphabets, d.h. alle bestehenden Verbindungen sind nur aus diesen Elementen aufgebaut, so wie alle Wörter unserer (Schrift-)Sprache aus den Buchstaben aufgebaut sind.

Genau wie alle Buchstaben eine Bezeichnung haben – nämlich „A", „B", „C" ... – hat auch jedes Element eine Bezeichnung sowie eine Abkürzung, die in der ganzen Welt gleich verwendet wird. Meist ist diese aus dem Lateinischen oder Griechischen abgeleitet. So heißt z.B. Silber „Ag" (für Argentum = lateinisch für Silber) oder Wasserstoff „H" (für Hydrogen = griechisch für Wasserbildner – was ein guter Name ist, denn im Wasser ist ja tatsächlich Wasserstoff enthalten). Während viele Elemente – meist Metalle wie Eisen, Silber, Gold usw. – schon seit dem Altertum bekannt waren und daher auch ihren Namen haben, wurden die meisten anderen Elemente von den Entdeckern benannt. Lange wählte man den Namen dabei nach einer Eigenschaft des Elements, wie beim Wasserstoff. Der Sauerstoff hat z.B. das Elementzeichen „O" für Oxygenium = Säurebildner, weil er in vielen der damals bekannten Säuren vorkommt. Der deutsche Name Sauerstoff bedeutet natürlich genau das gleiche. Man dachte, dass die Tatsache, dass Säuren sauer sind, von der Anwesenheit des Sauerstoffs herrührt. Als sich herausstellte, dass das nicht richtig ist, wurde der Name trotzdem beibehalten.

Danach änderte sich etwas die Mode und viele Elemente sind dann, hauptsächlich im 19. Jahrhundert, nach Städten oder Ländern, meist das Land des Entdeckers, benannt worden. So gibt es ein „Ga" (für Gallium = Frankreich) – gleich neben dem „Ge" (für Germanium = Deutschland). Frankreich ist übrigens zweimal vertreten, denn es gibt noch das „Fr" = Francium. Bedauerlicherweise berühmt geworden ist wegen eines Giftmordanschlags auf den russischen Putin-Kritiker Alexander Litwinenko im Jahre 2006 auch das „Po" = Polonium. Dafür sind (überraschenderweise wie ich finde) Großbritannien und die USA bei der Elementnamenzuteilung in dieser Zeit leer ausgegangen, während das kleine Dorf Ytterby in

Schweden aufgrund von Mineralien, die man in der nahegelegenen „Grube Ytterby" fand, gleich viermal zu einem Element gekommen ist: Yttrium „Y", Ytterbium „Yb", Terbium „Tb" und Erbium „Er".

In der Chemie gibt es inzwischen mehr als hundert Elemente, von denen aber nur etwa neunzig so stabil sind, dass mit ihnen Chemie im größeren Umfang durchgeführt werden kann. Die anderen Elemente sind radioaktiv und zerfallen nach kurzer Zeit. Sie bekommen aber natürlich trotzdem einen Namen und eine Abkürzung! Hier haben sich, neben der Tradition, nach Städten oder Ländern zu benennen, vor allem Namen von berühmten Forschern durchgesetzt. So gibt es auf der einen Seite ein Americium „Am" (somit kam Amerika doch noch zu Ehren), ein Californium „Cf", ein Berkelium „Bk" (nach der kalifornischen Universitätsstadt Berkeley), als deutsches Pendant ein Darmstadium „Ds" sowie ein Hassium „Hs" (für Hessen), aber auch ein Einsteinium „Es" (nach Albert Einstein), ein Curium „Cm" (nach Marie Curie), ein Roentgenium „Rg" (nach Wilhelm Röntgen) und so weiter. Das bisher letzte benannte Element, entdeckt am GSI Helmholtzzentrum für Schwerionenforschung in Darmstadt, heißt Copernicium „Cn" (nach Nikolaus Kopernikus).

Aufgelistet sind alle diese Elemente im sogenannten „Periodensystem der Elemente", da sich viele Eigenschaften der Elemente periodisch wiederholen.

Von den etwas mehr als neunzig Elementen, mit denen man nun Chemie betreibt, sind die meisten Elemente Metalle, wie Eisen oder Kupfer. Die Chemie dieser Elemente heißt (meistens) „anorganische Chemie".

Für dieses Buch von besonderem Interesse sind nur ein kleiner Teil der Elemente, etwa zehn an der Zahl. Am wichtigsten sind Kohlenstoff, Wasserstoff, Sauerstoff und Stickstoff. Diese haben die Abkürzungen C (für Kohlenstoff), H (für Wasserstoff), O (für Sauerstoff) und N (für Stickstoff). Die Chemie dieser Elemente, vor allem die des Kohlenstoffs, heißt (meistens) „organische Chemie".

Die Begriffe „anorganisch" und „organisch" stammen aus einer Zeit, als die Chemie noch relativ jung und vieles noch nicht richtig verstanden war, und sind eigentlich überholt. Da sie sich aber als ziemlich zweckmäßig herausgestellt haben, werden sie trotzdem weiter beibehalten. Man dachte sehr lange, dass man „organische" Stoffe, d.h. Moleküle, die man aus lebenden Organismen wie Tieren oder Pflanzen gewinnen kann, nicht aus Mineralien, also „totem" oder „anorganischem" Material synthetisieren könnte. Für die Entstehung von organischen Stoffen hielt man eine Art Lebenskraft, die „vis vitalis", für unbedingt notwendig, so dass organische Stoffe nur aus anderen organischen Stoffen entstünden. Im Jahre 1828 konnte jedoch der Chemiker Friederich Wöhler zeigen, dass dies nicht der Fall ist, in dem er einen organischen Stoff, den Harnstoff, aus einem anorganischen Ausgangsmaterial herstellte. Zwischen organischen und anorganischen Materialien besteht kein grundsätzlicher Unterschied, eine „vis vitalis" braucht es nicht. Da aber Mineralien tatsächlich meistens anders aufgebaut sind als Verbindungen, die in Tieren oder Pflanzen vorkommen, verwendet man diese Begriffe als Kategorisierung weiter.

Aber darum soll es im Weiteren nicht gehen. Fangen wir stattdessen mit der grundlegenden Frage an: Warum gibt es überhaupt Bindungen zwischen Elementen?

Dies ist eine gute Frage, denn es gibt tatsächlich Elemente, die so gut wie keine Bindungen eingehen und somit „mit sich selbst zufrieden sind". Diese Elemente sind die Edelgase und heißen Helium, Neon, Argon, Krypton, Xenon. Diese Edelgase liegen atomar vor, d.h. „allein". Sie gehen so gut wie keine Bindungen ein, auch nicht mit sich selbst (deshalb auch die

Bezeichnung „edel"). Stattdessen liegen in einem Edelgas die einzelnen Atome als eine Art Kugeln vor, die je nach Temperatur schneller oder langsamer umherfliegen. Jedes Atom ist aber völlig einzeln und hat mit den anderen nichts zu tun. Nur wenn man die Edelgase sehr stark abkühlt, werden sie flüssig aufgrund der langsameren Bewegung und noch ein paar anderer Effekte, auf die jetzt aber nicht weiter eingegangen werden soll. Dafür muss das Edelgas aber schon sehr kalt werden. Helium z.B. wird erst bei –268 °C flüssig. Das ist nur 5 Grad über dem absoluten Nullpunkt! Bei Neon, dem nächstgrößeren Edelgas sind es „schon" –246 °C und bei Argon immerhin noch –186 °C. Aufgrund dieser Eigenschaften hat es sehr lange gedauert, bis man die Edelgase gefunden hat. Dies obwohl Argon immerhin fast 1% der Luft ausmacht, somit auf der Erde mehr als tausendfach häufiger vorkommt als Silber oder Gold! Die Entdecker des Argons fanden, dies sei etwas „träge", da es ja nicht reagiert (griechisch: argos). Auch die anderen aus dem Griechischen abgeleiteten Namen der Edelgase sagen etwas über deren Einzelstellung aus: Krypton kommt von kryptos = verborgen, Neon von neos = neu, Xenon von xenos = fremd. Helium kommt von Helios = Sonne. Man hatte nämlich Helium schon 1868 auf der Sonne nachgewiesen, auf der Erde fand man es hingegen erst viel später, 1895.

Warum gehen nun Edelgase so gut wie keine Bindungen[1] ein? Dies liegt an ihrer inneren Struktur.

Jedes Element unterscheidet sich von einem anderen durch die Zahl der negativ geladenen Elektronen und positiv geladenen Protonen. Die Zahl der Elektronen und Protonen ist – wenn sonst nichts weiter mit dem Element passiert ist – gleich. Das einfachste Element ist Wasserstoff mit einem Elektron und einem Proton, dann kommt Helium mit zwei Elektronen und zwei Protonen und so weiter. Die Protonen befinden sich, zusammen mit Neutronen, die aber hier keine Rolle spielen, im Atomkern, die Elektronen in der Hülle, die den Atomkern umgibt.

Die Elemente werden gemäß ihrer Elektronenzahl im sogenannten „Periodensystem der Elemente" angeordnet, ähnlich wie die Buchstaben im Alphabet nacheinander angeordnet sind.

Man hat nun herausgefunden, dass bestimmte Elektronenzahlen besonders sind. Dies sind die 2, die 10, die 18, die 36 und die 54. Elemente, die diese Elektronenzahlen aufweisen, sind chemisch besonders stabil. Warum ist dies so?

Man kann sich in einem relativ einfachen, aber für diesen Zweck völlig ausreichenden Modell vorstellen, dass die Elektronen in der sogenannten Atomhülle nicht einfach so vorhanden sind, sondern in „Schalen" verteilt sind, die man sich so ähnlich vorstellen kann wie die verschiedenen Schichten einer Zwiebel. Immer wenn eine Schale voll ist, herrscht besondere Stabilität.

Die Zahl der Elektronen, die jede Schale aufnehmen kann, ist dabei unterschiedlich. Die erste Schale nahe dem Atomkern kann zwei Elektronen aufnehmen, die beiden nächsten Schalen 8 und die wiederum beiden nachfolgenden Schalen 18. Die Erklärung, warum das jetzt genauso ist, würde zu weit führen. Die Elektronen werden dabei von innen nach außen verteilt. Alles in allem kann man sich das ungefähr folgendermaßen vorstellen:

---

[1] Anm.: Ich habe mit Absicht „so gut wie keine" geschrieben, denn ein paar Edelgasverbindungen kennt man schon. Allerdings ist es ziemlich schwierig, Edelgase zur Reaktion zu bringen und von zwei der fünf Edelgase (nämlich Helium und Neon) kennt man immer noch keine chemischen Verbindungen.

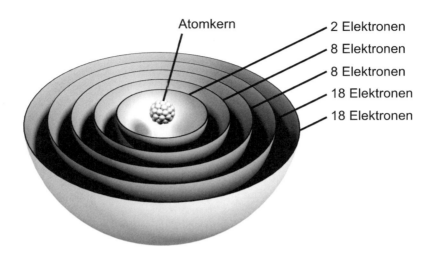

Nicht zufällig haben nun die Edelgase diese „magischen Zustände", bei denen die Elektronen die Schalen gerade füllen! Helium hat zwei Elektronen (d.h. die erste Schale ist voll), Neon 10 (d.h. die ersten beiden Schalen sind gefüllt), Argon 18 (die ersten drei), Krypton 36 (die ersten vier) und Xenon 54 (die ersten fünf).

Die anderen Elemente, die nun diese Elektronenzahlen nicht haben, sind nun häufig „versucht", ebenfalls einen Zustand zu erreichen, in dem eine dieser „magischen Zahlen" vorhanden ist – sie gehen Bindungen ein.

Wie kann dies geschehen? Es gibt hierbei im Wesentlichen drei unterschiedliche Möglichkeiten:

1) Ein Atom gibt Elektronen ab oder nimmt Elektronen auf

Diese Bindung findet man z.B. im Kochsalz, also dem Salz, was Sie in Ihr Essen geben. Kochsalz besteht chemisch aus „Natriumchlorid", d.h. aus zwei Elementen, nämlich Natrium und Chlor.

Natrium hat, wie man leicht im Periodensystem nachschauen kann, 11 Elektronen, also eins mehr als das Neon. Die beiden untersten Schalen im Natrium sind komplett gefüllt, nur in der dritten Schale befindet sich ein einzelnes Elektron. Das bedeutet jetzt nicht, dass Natrium instabil ist. Im Gegenteil, Natrium ist grundsätzlich ein stabiles Metall.

Allerdings wären zehn Elektronen stabiler, wie wir vorher gesehen haben. Das Natrium ist somit „bestrebt", ein Elektron abzugeben, um damit den stabilen „magischen Zustand" des Neons zu erreichen. Naja, „bestrebt" ist das Natrium natürlich nicht, denn es hat ja keinen Willen... Aber für die Zwecke dieses Buches will ich bei dieser bildlichen Sprache bleiben.

Genau andersherum verhält es sich beim Chlor. Es hat 17 Elektronen, d.h. die ersten beiden Schalen sind komplett gefüllt, die dritte mit sieben Elektronen. Der nächste „magische Zustand" wäre beim Argon mit 18 Elektronen erreicht, d.h. mit einem Elektron mehr.

Eine Bindung fürs Leben

Gibt man nun Natrium und Chlor zusammen und bringt es zur Reaktion (was sehr leicht geschieht – dies ist sogar relativ gefährlich), so gibt nun das Natrium ein Elektron an das Chlor ab. Beide haben nun einen „magischen Zustand" erreicht, Natrium mit 10, Chlor mit 18 Elektronen.

Das Natrium verfügt aber auch in seinem neuen Zustand noch über elf Protonen, denn der Atomkern, wo sich die Protonen befinden, reagiert in der Chemie niemals. Es hat nun aber nur noch zehn Elektronen. Da Elektronen negativ geladen sind, Protonen aber positiv, fehlt nun eine negative Ladung – oder anders gesagt, es ist eine positive Ladung zuviel da.

Somit ist das Natrium jetzt elektromagnetisch geladen und zwar einfach positiv. Man spricht jetzt von sogenannten Ionen – was einfach bedeutet, dass eine Ladung vorhanden ist. Im Kochsalz liegt also kein (metallisches) Natrium vor, sondern Natrium-Ionen. Diese Unterscheidung ist wichtig, denn Natrium-Ionen unterscheiden sich in sehr vielen Eigenschaften von metallischem Natrium.

Wieder genau andersherum ist es mit dem Chlor. Es hat nun eine negative Ladung mehr. Somit liegen im Kochsalz „Chlor-Ionen" vor. Um anzuzeigen, dass das Chlor negativ geladen ist, spricht man von „Chlorid". Dadurch ergibt sich der Gesamtname Natriumchlorid.

An dieser Stelle möchte ich Ihnen noch kurz erläutern, wie man Reaktionen grafisch darstellen kann. Beginnen wir mit dem Chlor. Da in der äußersten Schale – die inneren spielen keine Rolle, da sie komplett gefüllt sind – beim Chlor vor der Elektronenaufnahme sieben Elektronen vorhanden waren, schreibt man dies manchmal mit Punkten, die um das Chlor verteilt sind. Dabei benutzt man die chemische Abkürzung für Chlor: Cl. Gibt man noch ein Elektron (Bezeichnung: e^-) dazu, ist nun die Schale voll. Das Chlor ist aber nun geladen, was durch ein hochgestelltes Minuszeichen ausgedrückt wird. Gesamt sieht das dann ungefähr so aus:

$$:\overset{..}{\underset{..}{Cl}}\cdot\ +\ e^-\ \longrightarrow\ :\overset{..}{\underset{..}{Cl}}:^-$$

Dies obige Diagramm nennt man auch Reaktionsgleichung. Dabei stehen links vor dem Pfeil die sogenannten Edukte, hier das Chloratom und das Elektron, also die Ausgangsstoffe der Reaktion. Rechts stehen die Produkte, d.h. die Stoffe, die durch die Reaktion entstehen. Dies ist hier ein Chloridion. Gewöhnlich werden in Reaktionsgleichungen nur die Stoffe berücksichtigt, die an der Reaktion beteiligt sind.

Für das Natrium kann man eine analoge Gleichung aufstellen. Zuvor war die äußerste Schale des Natriums mit nur einem Elektron gefüllt. Die inneren Schalen spielen wie beim Chlor ebenfalls keine Rolle. Gibt das Natrium sein Elektron ab, so entsteht ein positiv geladenes Natrium-Ion, was durch das hochgestellte Pluszeichen ausgedrückt wird:

$$Na\cdot\ \longrightarrow\ Na^+\ +\ e^-$$

Schreibt man nun die beiden Reaktionsgleichungen zusammen, so entsteht zunächst die folgende Gleichung:

$$:\overset{..}{\underset{..}{Cl}}\cdot\ +\ e^-\ +\ Na\cdot\ \longrightarrow\ :\overset{..}{\underset{..}{Cl}}:^-\ +\ Na^+\ +\ e^-$$

Man sieht, dass auf beiden Seiten der Gleichung ein Elektron steht. Dieses kann man einfach rausstreichen. Somit verkürzt sich die Gleichung auf:

$$:\overset{..}{\underset{..}{Cl}}\cdot\ +\ Na\cdot\ \longrightarrow\ :\overset{..}{\underset{..}{Cl}}:^-\ +\ Na^+$$

Diese Gleichung sieht nun für einen Chemiker schon besser aus. In chemischen Reaktionsgleichungen sollten keine Elektronen mehr auftauchen, sondern am besten nur noch Elemente – ansonsten kann man fast immer davon ausgehen, dass man etwas falsch gemacht hat. Dies ist hier nicht der Fall, somit kann man mit dieser Gleichung schon ganz zufrieden sein.

Wichtig ist, dass zwischen den Natrium-Ionen und den Chlorid-Ionen im Salz kein chemischer „Zusammenhalt" besteht. Nachdem das Elektron ausgetauscht ist, verhalten sich die Ionen ähnlich wie Edelgase und sind „mit sich selbst zufrieden". Sie liegen im Kochsalz als Kugeln vor – ganz ähnlich wie die Edelgase oben.

Allerdings sind die Ionen geladen. Dies hat, anders als bei den Edelgasen, die nicht geladen sind, zur Folge, dass zwischen ihnen eine Anziehungskraft besteht. Natriumion und Chloridion ziehen sich ähnlich wie Magnete an. Negativ zieht Positiv an und umgekehrt, genau wie Pluspol und Minuspol bei einem Magneten.

Der Unterschied zwischen den beiden Ionen und einem Magneten besteht aber darin, dass jeder Magnet einen Pluspol und einen Minuspol besitzt. Beim Kochsalz ist das anders. Das Natrium ist allein der Pluspol, das Chlor(id) allein der Minuspol. Aber die Anziehung als solche ist ganz ähnlich.

Diese Anziehungskraft sorgt dafür, dass Kochsalz ein Feststoff ist und kein Gas. Man spricht von einer Ionenbindung. Dabei ist das Wort Bindung eigentlich nicht ganz richtig. Besser wäre vielleicht das Wort Ionenanziehung. Aber im chemischen Sprachgebrauch hat sich nun mal Ionenbindung eingebürgert. Genauer werde ich darauf noch später eingehen.

Diese Bindung ist übrigens sehr stark. Reines Kochsalz ist äußerst stabil und schmilzt erst bei 808 °C. Zum Vergleich: Zink schmilzt bei 419 °C, Silber bei 960 °C.

2) Zwei Atome teilen sich Elektronen

Es gibt neben der Möglichkeit, dass ein Atom ein Elektron abgibt und ein anderes es aufnimmt, auch noch die Möglichkeit, dass sich zwei Atome ein Elektron „teilen". Dies funktioniert so:

Nehmen wir den Wasserstoff. Er besitzt ein Elektron. Um auf einen „magischen Zustand" zu gelangen, gäbe es für ihn die Möglichkeit, dieses Elektron abzugeben. Dann hätte er keines mehr (Null ist auch ein „magischer Zustand"). Es bliebe also nur noch das Proton übrig. Das passiert in der Realität auch sehr häufig. Wir werden noch dazu kommen.

Die andere Möglichkeit wäre, ein Elektron aufzunehmen, dann hätte er zwei und somit den „magischen Zustand" des Heliums. Nun ist es aber für den Wasserstoff relativ schwer, ein Elektron aufzunehmen, da er sehr klein ist. Das zweite Elektron muss ja irgendwo hin! Somit gibt es zwar Verbindungen, in denen der Wasserstoff negativ geladen ist (sogenannte Hydride), jedoch sind diese gar nicht so einfach herzustellen. Erst nach dem Zweiten Weltkrieg kannten Chemiker Hydride.

Die dritte Möglichkeit ist, dass zwei Wasserstoffatome eine Bindung eingehen. Sie bilden ein Molekül. Unter „Molekül" versteht man jede chemische Verbindung, die aus mehr als einem Atom besteht.

In dieser Bindung werden die beiden Elektronen, jeweils eines von jedem Wasserstoffatom, quasi für beide Wasserstoffatome „verfügbar". Sie befinden sich (gedacht) in der Mitte der Bindung. In einer Bindung befinden sich immer zwei Elektronen, niemals nur eins oder etwa drei.

Dadurch, dass ein Molekül entsteht, haben beide Wasserstoffe „Zugang" zum Elektron des jeweils anderen. Dies bedeutet, dass beide Wasserstoffe nun zwei Elektronen „besitzen", d.h. beide Wasserstoffe haben den „magischen Zustand" zwei erreicht!

Grafisch kann man auch das mit den Punkten darstellen. Dabei wird für Wasserstoff die chemische Abkürzung „H" benutzt:

$$H\cdot + H\cdot \longrightarrow H:H$$

Meist werden die beiden Punkte, die sich zwischen zwei Atomen befinden, die eine Bindung eingehen, als ein Strich geschrieben, um darzustellen, dass sie eine Bindung bilden. Ein Strich steht dann für zwei Elektronen. Dies haben Sie bestimmt auch schon einmal gesehen. Obige Darstellung würde dann folgendermaßen lauten:

$$H\cdot + H\cdot \longrightarrow H-H$$

Der große Unterschied zwischen dieser Bindung und dem Kochsalz ist, dass im Wasserstoff eine echte Bindung existiert, d.h. die beiden Wasserstoffatome sind fest aneinander gebunden. Man spricht auch von einer Atombindung, um zu verdeutlichen, dass diesmal die Atome wirklich aneinander „geheftet" sind. Um dies zu verdeutlichen, wird auch vom Wasserstoffmolekül oder abkürzend von H_2 gesprochen. Statt wie eine Kugel, wie beim Natrium oder Chlorid im Kochsalz, sieht ein Wasserstoffmolekül eher aus wie eine Hantel. Die Energie, die man braucht, um ein Wasserstoffmolekül wieder zu „zerlegen", ist außerordentlich groß. Man braucht dazu Temperaturen von mehreren Tausend Grad oder Spannungen von 3000-4000 Volt!

Der chemisch korrekte Ausdruck für diese Art von Bindungen heißt „kovalente Bindung". Dieser Name besagt (übersetzt), dass sich zwei Atome Bindungselektronen, die früher auch

"Valenzen" genannt wurden, teilen (somit „kooperieren"). Im Folgenden werde ich somit immer das Wort kovalent benutzen

Atome können auch mehr als eine Atombindung miteinander eingehen. Ein Beispiel ist der Stickstoff. Stickstoff hat sieben Elektronen, d.h. drei weniger als der „magische Zustand" des Neons mit zehn. Die erste Schale mit zwei Elektronen ist komplett gefüllt, bleiben fünf Elektronen in der zweiten Schale. Erreicht werden müssen acht.

Pro Bindung können zwei Elektronen eingebracht werden, eins von jedem Partner. Somit braucht der Stickstoff drei Bindungen, um den „magischen Zustand" zu erreichen. In der Natur findet man genau dies. Ein Stickstoffatom bildet drei kovalente Bindungen mit einem anderen Stickstoffatom und erhält somit quasi drei Elektronen dazu. Es entsteht ein Stickstoffmolekül (N_2). Der magische Zustand ist erreicht!

$$:\overset{.}{\underset{.}{N}}\cdot \; + \; :\overset{.}{\underset{.}{N}}\cdot \; \longrightarrow \; :N::N: \qquad |N\equiv N|$$

In der Grafik ist rechts noch die üblichere Darstellung mit Strichen angegeben. Wieder steht ein Strich für zwei Elektronen. Wichtig an dieser Darstellung ist, dass auch die beiden Elektronen, die jeweils vollständig bei einem Stickstoffatom verbleiben, als ein Strich dargestellt sind. Man spricht auch von „Elektronenpaaren". Die Darstellung ist zwar etwas bildlich, aber nicht völlig falsch. Tatsächlich sind diese Elektronenpaare sehr wichtig, wie wir noch sehen werden.

3) Viele Atome gehen eine sogenannte „Metallbindung" ein

Die Metallbindung findet man – wie der Name schon sagt – bei nahezu allen Metallen, also bei Eisen, Kupfer, Gold, Silber etc. Die Bindungsverhältnisse sind hier aber vergleichsweise kompliziert und nicht einfach zu erklären. Glücklicherweise brauche ich die Metallbindung für die Zwecke dieses Buches nicht. Somit werde ich über die Metallbindung einfach hinweggehen und diese nicht weiter erläutern.

Wie kann man nun voraussagen, welche Bindung in einer chemischen Substanz vorliegt? Und wie kann man feststellen, welches Element welche Bindung eingeht?

Das ist nicht so einfach und hängt von der jeweiligen Situation ab. Um ein Beispiel zu nennen: Im Kochsalz ist Chlor negativ geladen, wie wir ja schon festgestellt haben. Im Chlorgas dagegen bildet Chlor mit sich selbst eine kovalente Bindung.

Dies ist auch einsichtig: Chlor braucht, wie gesehen, ein zusätzliches Elektron, um den „magischen Zustand" zu erreichen. Wenn nun ein Chloratom einem anderen das Elektron einfach „wegnehmen" würde, hätte dieses zwar nun den „magischen Zustand" erreicht – das andere wäre aber noch weiter weg als vorher!

Bildet nun das Chlor stattdessen eine kovalente Bindung, so können beide Chloratome den „magischen Zustand" mit 18 Elektronen, also acht in der dritten Schale erreichen. Es bildet sich ein Chlormolekül (Cl_2). Cl_2 ist ein grünes Gas, daher kommt auch der Name des Chlors, chloros = griechisch für grün.

$$:\!\ddot{\underset{..}{Cl}}\!\cdot \; + \; :\!\ddot{\underset{..}{Cl}}\!\cdot \; \longrightarrow \; :\!\ddot{\underset{..}{Cl}}\!:\!\ddot{\underset{..}{Cl}}\!:$$

$$|\overline{\underline{Cl}}\cdot \; + \; |\overline{\underline{Cl}}\cdot \; \longrightarrow \; |\overline{\underline{Cl}}\!-\!\overline{\underline{Cl}}|$$

Allerdings ist die „Anziehungskraft" des Chlors für Elektronen, d.h. die Tendenz ein einfach negativ geladenes Chlorid-Ion zu bilden, weiterhin hoch. Chlorgas reagiert deshalb außerordentlich leicht mit anderen Stoffen und ist auch sehr giftig. Hat das Chlor aber einmal sein Elektron bekommen, so ist es vergleichsweise „friedfertig". Chlorid-Ionen sind relativ ungiftig. Deshalb kann man ja Salz auch essen.

Ein anderes Beispiel ist der Sauerstoff. Wenn man z.B. Kohlenstoff und Sauerstoff reagieren lässt, dann entsteht, wenn man es richtig macht, eine Verbindung, die Kohlenstoffdioxid oder Kohlendioxid oder auch CO_2 genannt wird.

In dieser Verbindung sind – wie der letzte Name schon sagt – zwei Sauerstoffe und ein Kohlenstoff vorhanden. Kohlenstoff hat sechs Elektronen, d.h. vier in der zweiten Schale, braucht also noch vier Elektronen, um die „magische Zahl" zu erreichen. Sauerstoff hat acht Elektronen, zwei in der ersten, sechs in der zweiten, braucht also noch zwei.

Im CO_2 geht nun der Kohlenstoff (chemisch: C) mit jedem der Sauerstoffe (chemisch: O) zwei kovalente Bindungen ein. Man sagt auch: Der Kohlenstoff bildet mit jedem der Sauerstoffe eine Doppelbindung. In der Summe erreichen nun alle Atome den „magischen Zustand":

$$\cdot\dot{C}\cdot \; + \; \cdot\ddot{O}\cdot \; + \; \cdot\ddot{O}\cdot \; \longrightarrow \; \ddot{O}\!::\!C\!::\!\ddot{O}$$

$$\cdot\dot{C}\cdot \; + \; \cdot\overline{O}\cdot \; + \; \cdot\overline{O}\cdot \; \longrightarrow \; \overline{O}\!=\!C\!=\!\overline{O}$$

Anders ist es beim Calciumoxid. Calciumoxid ist „gebrannter Kalk", d.h. eine Verbindung, von der die meisten Leser sicherlich schon einmal gehört haben. Er besteht aus Calcium (chemisch: Ca) und Sauerstoff (chemisch: O), abgekürzt CaO.

Calcium, meist auch Kalzium geschrieben, besitzt 20 Elektronen, d.h. zwei mehr als das Argon. Die ersten drei Schalen sind somit gefüllt, zwei Elektronen bleiben in der vierten übrig. Im Calciumoxid ist nun dasselbe passiert wie beim Kochsalz. Das Calcium gibt seine zwei Elektronen an den Sauerstoff ab, sodass beide einen „magischen Zustand" erreichen.

$$\dot{C}a + \cdot \overline{\underline{O}} \cdot \longrightarrow Ca^{2+} + |\overline{\underline{O}}|^{2-}$$

Kovalente Bindungen und Ionenbindungen können aber auch nebeneinander vorkommen. Da dies in meinem Buch später an ein paar Stellen noch wichtig wird, möchte ich kurz darauf eingehen.

Ein gutes Beispiel für eine solche gemischte Bindungssituation ist das Zyankali, welches zumindest lt. Peter Gabriel einen der Inhaltsstoffe der von Cheerleadern benutzten Zauberstäbe darstellt. Zyankali besteht aus drei Atomen, nämlich Kalium, Stickstoff und Kohlenstoff. Stickstoff und Kohlenstoff kennen Sie bereits, nur Kalium habe ich Ihnen noch nicht vorgestellt: Kalium, „K" ist so etwas wie der „große Bruder" von Natrium und steht im Periodensystem zwischen dem Calcium und dem Argon. Somit hat es 19 Elektronen, d.h. die ersten drei Schalen sind gefüllt, in der vierten befindet sich ein einzelnes Elektron.

Untersucht man die Bindungssituation im Zyankali, so stellt man fest, dass Kohlenstoff und Stickstoff miteinander über eine kovalente Dreifachbindung gebunden sind, ähnlich wie beim Stickstoff aus der Luft. Nun hat Kohlenstoff aber ein Elektron weniger als Stickstoff, so dass nur der Stickstoff zufrieden ist, dem Kohlenstoff fehlt aber noch ein Elektron.

$$\cdot \dot{C} \cdot + |\dot{N} \cdot \longrightarrow \cdot C \equiv N|$$

Kein Problem! Das Kalium gibt sein einzelnes Elektron her und erlangt so den Elektronenstatus des Argons mit 18 Elektronen. Nun haben alle beteiligten Atome den „magischen Zustand" erreicht.[2]

$$\cdot K + \cdot C \equiv N| \longrightarrow K^+ + |\overline{C} \equiv N|$$

Insgesamt hat man also nun zwei Ionen, einmal ein positiv geladenes Kaliumion, einmal ein negativ geladenes aus Stickstoff und Kohlenstoff zusammen. Dieses nennt man auch Zyanid bzw. Zyanidion. Im Zyanidion bilden, wie beschrieben, Kohlenstoff und Stickstoff gleich drei kovalente Bindungen. Der Name kommt aus dem Griechischen (kyanos = blau) und rührt von der intensiven Farbe des Kalium-Eisenzyanids her, welches selbst auch Berliner Blau heisst. Auch der Name der zynanidhaltigen Blausäure, die in Wahrheit vollkommen durchsichtig und farblos ist, leitet sich davon ab.

---

[2] An dieser Stelle möchte ich kurz anmerken, dass man Kaliumcyanid nicht so herstellen kann, wie die beiden Gleichungen andeuten! Diese dienen nur der Erläuterung der Bindungssituation und sind somit eher „formalistisch".

2 Die „Brücke" in der Wasserstoffbrückenbindung

Die Wasserstoffbrückenbindung ist bei den im vorigen Kapitel besprochenen Bindungen nicht dabei gewesen. Dies ist auch ganz richtig, da diese Bindung sich von den anderen Bindungen noch wesentlich unterscheidet. Bevor wir aber nun tatsächlich zur Wasserstoffbrückenbindung kommen, müssen wir auf die ersten beiden Bindungstypen aus dem letzten Kapitel noch mal genauer eingehen.

In der Realität ist das nämlich mit den Bindungen noch etwas komplizierter. Zwischen den beiden Möglichkeiten 1 (Ionenbindung, d.h. die Elektronen wandern von einem Atom zum andern) und 2 (kovalente Atombindung, d.h. die Elektronen befinden sich in der Mitte zwischen zwei Atomen) gibt es noch Zwischenmöglichkeiten. Dies kann man sich anschaulich am besten so vorstellen, dass in einer Bindung die beiden Elektronen sich nicht auf der Mitte zwischen den beiden Atomen befinden, sondern näher an einem der Atome.

Wenn die Elektronen sich nicht zu weit von der Mitte entfernt haben, können noch beide Atome auf beide Elektronen „zugreifen". Wandern die Elektronen noch weiter auf eine Seite, so findet man die Situation, dass diese zwar noch nicht „reißt", aber im Wesentlichen nur noch ein Atom über die beiden sogenannten Bindungselektronen verfügen kann.

Wenn („gedanklich") die Elektronen noch stärker auf eine Seite gezogen werden, so kann man sich vorstellen, dass die Bindung reißt. Es entsteht somit die Ionenbindung, wie wir sie aus dem Kochsalz kennen. Dieses „Reißen" passiert in der Realität natürlich nicht – es entsteht erst gar keine kovalente Bindung.

Wovon hängt nun ab, an welcher Stelle der Bindung sich die Bindungselektronen befinden? Vor allem von den beiden beteiligten Atomen.

Man kann sich vorstellen und es ist auch logisch, dass bei Bindungen, bei denen die beiden Atome identisch sind – etwa beim Wasserstoffmolekül H_2 oder beim Chlormolekül Cl_2 – die Bindungselektronen genau in der Mitte sind. Ebenfalls ziemlich genau in der Mitte sind die Elektronen bei einer Bindung zwischen Kohlenstoff und Wasserstoff.

Dagegen sind die Bindungselektronen bei einer Sauerstoff-Wasserstoff-Bindung sehr ungleich verteilt und befinden sich sehr nahe beim Sauerstoff. Dies gilt auch für eine Chlor-Wasserstoff- und eine Stickstoff-Wasserstoff-Bindung.

Man hat versucht, die jeweiligen Unterschiede zu berechnen, in dem man eine Rechengröße eingeführt hat, die sogenannte Elektronegativität. Für nahezu jedes Element hat man die Elektronegativität berechnet. Wenn nun die Elektronegativität bei zwei Atomen gleich oder nicht sehr unterschiedlich ist, so liegen die Elektronen eher in der Mitte. Wenn der Elektronegativitätsunterschied etwas größer ist – aber nicht zu groß – dann entsteht eine Bindung, bei der die Elektronen mehr auf einer Seite sind und zwar auf der des elektronegativeren

Elements. Sind die Elektronegativitätsunterschiede zu groß, dann entsteht keine kovalente Atombindung, sondern eine Ionenbindung.

Die einzelnen Zahlenwerte will ich nicht genauer angeben – zumal unterschiedliche Berechnungsmethoden existieren und sich teilweise je nach Methode die Werte unterscheiden. Für die Zwecke dieses Buches reicht es, wenn man drei Gruppen festlegt:

Chlor, Sauerstoff und Stickstoff (Gruppe 1) haben eine hohe Elektronegativität, Wasserstoff und Kohlenstoff (Gruppe 2) haben eine mittlere und die allermeisten Metalle wie Natrium und Calcium (Gruppe 3) eine niedrige.

Bindungen zwischen den Atomen einer Gruppe sind eher „gleichberechtigt", Bindungen zwischen Atomen der Gruppe 1 und 2 sind „ungleich", wobei sich die Elektronen näher am Element aus Gruppe 1 befinden – und zwischen Atomen der Gruppe 1 und 3 gibt es gar keine kovalenten Atombindungen, sondern Ionenbindungen wie im Kochsalz. Bindungen zwischen Atomen der Gruppe 2 und 3 sind etwas komplizierter, werden aber im Rahmen dieses Buches auch nicht benötigt, so dass ich dies weglassen werde.

Ich möchte im Folgenden die Bindung zwischen Sauerstoff und Wasserstoff betrachten. Sauerstoff ist in Gruppe 1, Wasserstoff in Gruppe 2, d.h. es gibt eine kovalente Bindung, bei der aber die Elektronen näher am Sauerstoff sind. Was folgt nun aus der Ungleichverteilung der Elektronen?

Etwas sehr Wichtiges und Entscheidendes. Das Entscheidende ist nun, dass die Bindung selbst nicht mehr gleichmäßig ist. Man nennt diese Art von Bindungen auch polar. Dies soll andeuten, dass es in dieser Bindung eine Art Minus- und Pluspol gibt. Am elektronegativeren Atom befindet sich der Minuspol, am anderen der Pluspol. Bei Bindungen, bei denen die Elektronen eher in der Mitte sind, spricht man entsprechend von unpolaren Bindungen.

Betrachten wir hierzu einen Stoff, den Sie gut kennen, das Wasser. Wasser besteht aus drei Atomen, nämlich einem Sauerstoffatom und zwei Wasserstoffatomen.

Wie wir schon festgestellt haben, hat Sauerstoff sechs Elektronen in seiner zweiten Schale. Durch Bindung mit zwei Wasserstoffen, die ja jeweils eine Bindung ausbilden können, entsteht Wasser. Es hat folgende Struktur (links mit Punkten, rechts mit Strichen):

$$H:\overset{..}{\underset{..}{O}}:H \qquad H-\overline{\underline{O}}-H$$

Man sieht an der Darstellung rechts die beiden Elektronenpaare am Sauerstoff, die aus den vier Elektronen gebildet werden, die beim Sauerstoff verblieben sind.

Nun ist es aber so, dass wie erwähnt bei einer Bindung zwischen Sauerstoff und Wasserstoff die Elektronen nicht gleich verteilt sind, sondern sich näher beim Sauerstoff befinden. Daraus folgt, dass der Sauerstoff etwas negativ geladen wird, der Wasserstoff leicht positiv. Allerdings sind die Elektronen ja weiterhin in einer kovalenten Bindung, d.h. es entstehen keine Ionen, bei denen dann die Elektronen nur bei einem Element wären. Um dies anzudeuten, schreibt man kein „-" oder „+", sondern fügt ein griechisches Zeichen hinzu, das „δ". Beim Sauerstoff steht ein δ^-, beim Wasserstoff ein δ^+.

Eine Bindung fürs Leben

$$H^{\delta+}-O^{\delta-}-H^{\delta+}$$

Dies bedeutet, dass die Elektronen in dieser Bindung näher beim Sauerstoff sind als beim Wasserstoff. Am Wasserstoff entsteht somit eine Art halbpositive Ladung, beim Sauerstoff eine halbnegative.

Die Konsequenz dieser halbpositiven und halbnegativen Ladungen ist nun allerdings, dass – ähnlich wie beim Kochsalz – sich δ^+ und δ^- anziehen! Zusätzlich zu den normalen kovalenten Bindungen im Wasser bilden sich weitere Bindungen aus, die zwischen den Wassermolekülen entstehen. Diese kann man ungefähr so darstellen:

$$\begin{array}{c} H-\overline{\underline{O}}-H \\ \vdots \quad \vdots \\ H-\overline{\underline{O}}-H \end{array}$$

Beim Wasser hat der Sauerstoff noch vier Elektronen, d.h. zwei Elektronenpaare, die durch zwei Striche dargestellt sind, die nicht an den Bindungen zu den Wasserstoffatomen teilnehmen. Diese nennt man auch „freie Elektronenpaare". Zwischen dem Wasserstoff und jeweils einem der freien Elektronenpaare des Sauerstoffs entsteht nun eine Anziehung, die in der Chemie meistens ebenfalls als Bindung bezeichnet wird. Genauer gesagt, als Wasserstoffbrückenbindung – und damit sind wir nun beim eigentlichen Thema unseres Buches angelangt. Zwei dieser Wasserstoffbrückenbindungen im Wasser sind exemplarisch als gestrichelte Linien in der obigen Darstellung gezeigt.

Warum heißt die Wasserstoffbrückenbindung eigentlich Wasserstoffbrückenbindung? Ganz einfach, weil häufig ein Wasserstoff als δ^+ an diesen Bindungen beteiligt ist und man die Wasserstoffbrückenbindung zuerst an Molekülen gefunden hat, in denen Wasserstoff enthalten ist. Eine Wasserstoffbrückenbindung ist aber nicht auf Wasserstoff beschränkt. Im Gegenteil, es gibt viele so genannte Wasserstoffbrückenbindungen, an denen gar kein Wasserstoff beteiligt ist. Für dieses Buch soll eine Wasserstoffbrückenbindung folgendermaßen festgelegt werden:

> *Eine Wasserstoffbrückenbindung ist die Anziehungskraft zwischen einer positiven Ladung, entweder einer echten positiven Ladung wie beim Na^+ oder einer δ^+-Ladung wie beim Wasserstoff im Wasser, und einem freien Elektronenpaar eines anderen Atoms.*

Gleich zu Anfang sei aber betont, dass zwischen einer Wasserstoffbrückenbindung und einer normalen kovalenten Bindung große Unterschiede bestehen. So sind bei einer kovalenten Bindung die beiden Atome fest aneinander gebunden. In einem Wasserstoffmolekül kann keines der beiden Wasserstoffatome sich einfach aus der Bindung lösen und sich vom anderen entfernen. Um dies zu erreichen, muss man eine Menge Energie aufbringen – und danach ist das Wasserstoffmolekül zerstört!

Dies ist bei einer Wasserstoffbrückenbindung anders. Hier können sich die einzelnen Bindungspartner durchaus entfernen – und tun dies auch andauernd. Wasserstoffbrückenbindungen sind außerdem hinsichtlich der Länge und auch der Position flexibler sind als Atombindungen, die sehr starre Gebilde sind.

Am besten können Sie sich den Unterschied zwischen einer Wasserstoffbrückenbindung und einer kovalenten Bindung vorstellen, wenn Sie an den Wiener Opernball denken. Dabei stellen die Tänzer und Tänzerinnen die Moleküle dar.

Wenn Sie auf dem Wiener Opernball tanzen, dann besteht zwischen Ihnen und Ihrer Hand etwas Ähnliches wie eine echte Molekülbindung. Zwar ist es theoretisch möglich, wenn auch ziemlich grausam und aufwändig, Sie von Ihrer Hand zu trennen. Aber danach sind Sie nicht mehr wirklich ganz!

Im großen Tanzsaal aber tanzen viele Paare einen Walzer. Wenn der Walzer beendet ist, trennen sich meistens die Paare und die Dame und der Herr suchen sich einen neuen Tanzpartner und eine neue Tanzpartnerin. Während des Tanzes aber besteht zwischen jedem Paar ebenfalls eine Bindung. Auch wenn diese Bindung mal etwas länger und oder etwas kürzer sein kann und auch nicht immer die gleiche Richtung haben muss. Aber wenn der Herr eine Drehung macht und Walzer tanzen kann, dreht sich die Dame entsprechend mit. Andernfalls tritt er ihr auf die Füße... aber auf jeden Fall erzeugt eine Bewegung von ihm eine entsprechende Bewegung von ihr. Etwa so wie die Bindung zwischen den Tanzenden kann man sich auch eine Wasserstoffbrückenbindung vorstellen.

Würde man nun eine Kamera oben im Saal anbringen und den ganzen Tanzsaal über längere Zeit filmen, so würde man feststellen, dass im Mittel die meisten Tänzerinnen und Tänzer an eine andere Person gebunden sind. Von Zeit zur Zeit wechseln zwar die Tanzpaare – aber im Durchschnitt sind fast alle am Tanz Beteiligte nicht allein.

Ähnlich ist es auch beim Wasser, nur dass Sie sich jetzt vorstellen müssen, dass nicht wie beim Walzer die Tanzpaare nach jedem Musikstück alle auf einmal auseinandergehen, sondern die Tanzpartner ständig wechseln. Außerdem kann jedes Wassermolekül nicht nur zu einem anderen Wassermolekül eine Bindung eingehen, sondern gleich zu mehreren! Es entsteht eine Art „dreidimensionales Tänzernetzwerk". Das ist nun etwas schwer vorzustellen, gebe ich gern zu. Aber ungefähr so, wenn auch nur so ungefähr, sieht das beim Wasser aus. Im Wasser ist jedes Wassermolekül an gleich mehrere andere Wassermoleküle über Wasserstoffbrückenbindungen gebunden.

Somit ist die Wasserstoffbrückenbindung zwar keine „echte" kovalente Bindung – aber durchaus existent und wichtig. Um dies anzudeuten, hat man im Deutschen die Bezeichnung „Brücke" gewählt – etwa um anzudeuten, dass diese Bindung eine Art Brücke zwischen zwei „Inseln" (= den einzelnen Molekülen) darstellt.

3 Das „Wasser" in der Wasserstoffbrückenbindung

Welche Bedeutung hat nun diese Wasserstoffbrückenbindung für das Wasser? Eine ganz entscheidende. Die Wasserstoffbrückenbindungen im Wasser sind häufig wesentlich dafür verantwortlich, dass Wasser so aussieht und sich verhält, wie man es in der Natur beobachten kann.

Wasser ist nämlich eine ganz erstaunliche Verbindung. Die überraschenden Eigenschaften von Wasser verwundern die meisten Leute zwar nicht, dies liegt aber daran, dass Wasser überall vorhanden ist. Würde Wasser von Chemikern neu hergestellt werden – hätte es also bisher kein Wasser gegeben, sondern es wäre an einem chemischen Institut an einer Universität oder einem Max-Planck-Institut neu synthetisiert worden – so würde man über die verblüffenden Eigenschaften von Wasser höchst erstaunt sein. Die beteiligten Chemiker könnten sich ernsthafte Hoffnungen auf einen erfreulichen Anruf aus Stockholm machen, um den Nobelpreis entgegenzunehmen.

Eine solche erstaunliche Eigenschaft von Wasser ist zum Beispiel diese, dass es bei normalen Bedingungen, d.h. 25 °C und Normaldruck flüssig ist. Der Siedepunkt, also die Temperatur, bei der Wasser gasförmig wird, ist erstaunlich hoch, nämlich 100 °C, wie sicherlich jeder von Ihnen weiß. Wie sicherlich die meisten von Ihnen wissen, wurde die Celsius-Skala sogar nach Siede- und Schmelzpunkt des Wassers definiert. Somit ist die Zahl 100 kein Zufall. Aber warum ist diese Eigenschaft von Wasser so erstaunlich?

Dies sieht man dann, wenn man untersucht, wie sich Verbindungen verhalten, die vom Aufbau her dem Wasser sehr ähnlich sind. Ersetzt man z.B. den Sauerstoff im Wasser durch Kohlenstoff und gibt noch zwei weitere Wasserstoffe hinzu, denn Kohlenstoff braucht wie wir schon gesehen haben vier Bindungen zu seinem Glück, so entsteht eine Verbindung, die man Methan oder auch CH_4 nennt. Sie besteht aus einem Kohlenstoff in der Mitte und vier an ihn gebundenen Wasserstoffen. Wir werden im nächsten Kapitel noch genauer auf diese Verbindung eingehen, aber grafisch dargestellt sieht sie so aus:

$$\begin{array}{c} H \\ | \\ H-C-H \\ | \\ H \end{array}$$

Methan kennen Sie auch, wenn auch nicht unbedingt unter diesem Namen. Methan ist der Hauptbestandteil des Erdgases. Wie das Wort Erdgas schon sagt, ist Methan bei normalen Bedingungen gasförmig. Es wird erst bei sehr tiefen Temperaturen flüssig, nämlich bei –161 °C. Das ist schon sehr kalt! Flüssiges Methan findet man deshalb auf der Erde gewöhnlich nicht. Allerdings im Weltraum z.B. auf dem Saturnmond Titan. Dort gibt es ganze Seen und Flüsse aus flüssigem Methan.

Es gibt auch eine analoge Verbindung zwischen Stickstoff und Wasserstoff. Stickstoff bildet drei Bindungen, somit kommen drei Wasserstoffe auf einen Stickstoff. Es entsteht eine Verbindung, die Ammoniak heißt oder NH_3 und das sieht dann grafisch so aus:

$$H-N-H$$
$$|$$
$$H$$

Den Namen Ammoniak haben Sie vielleicht schon einmal gehört. Früher, vor etwa hundert bis hundertzwanzig Jahren, diente Ammoniak als Kühlmittel in Kühlschränken. Da es stark giftig ist, wurde es dann etwa ab den zwanziger Jahren des letzten Jahrhunderts durch die FCKWs (Fluorchlorkohlenwasserstoffe) ersetzt. Damals dachte man, dass dies ein gewaltiger Fortschritt war... bis man auf das Ozonloch stieß. Aber das ist eine andere Geschichte.

Auf jeden Fall ist Ammoniak unter Normalbedingungen auch gasförmig. Um es flüssig zu bekommen, sind allerdings nicht ganz so tiefe Temperaturen erforderlich, nämlich nur -33 °C Grad. Trotzdem sind es bis zum Siedepunkt des Wassers noch 133 Grad Unterschied. Dies ist fast genau derselbe Unterschied wie vom Ammoniak (Siedepunkt: -33°C) zum Methan (Siedepunkt: -161°C). Die 100 °C Siedepunkt des Wassers sind also schon eine ganze Menge, wie man langsam merkt.

Ähnlich sieht es aus, wenn man den Sauerstoff durch noch weitere Elemente ersetzt. Mit Schwefel entsteht Schwefelwasserstoff (das Gas, das so stark nach faulen Eiern riecht – hoffentlich, denn wenn Sie es nicht mehr riechen können, ist die Konzentration zu hoch und Sie schon fast tot, so giftig ist es), mit Phosphor Phosphin (was ebenfalls ziemlich übel stinkt und giftig ist...), mit Chlor Chlorwasserstoff (auch nicht gerade gesund) – aber alles gasförmige Verbindungen, die folgendermaßen aussehen:

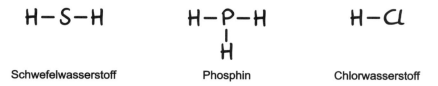

Schwefelwasserstoff　　　Phosphin　　　Chlorwasserstoff

Wie sieht es aus, wenn man den Sauerstoff beibehält und den Wasserstoff austauscht? Auch nicht viel besser. Ersetzt man die beiden Wasserstoffatome durch ein zweites Sauerstoffatom, so entsteht O_2, der Sauerstoff aus der Luft. Sauerstoff wird bei noch tieferen Temperaturen flüssig als Methan, sein Siedepunkt liegt bei -183 °C!

Ersetzt man den Wasserstoff durch z.B. Chlor, so entsteht eine Verbindung mit dem Namen Dichloroxid. Sie ist zwar nicht besonders stabil und auch nicht einfach herzustellen – aber ebenfalls gasförmig!

$$Cl-O-Cl$$

Dichloroxid

Mit noch anderen Elementen sieht es auch nicht viel besser aus. Man sieht, Wasser ist also ziemlich einzigartig in seiner Eigenschaft, normalerweise flüssig zu sein. Aber dies ist für Ihr tägliches Leben ziemlich entscheidend! Hätte Wasser den eigentlich üblichen Zustand, d.h. wäre es ein Gas, so wäre es ziemlich schwer vorstellbar, dass Sie und ich überhaupt existieren könnten. Schon allein deswegen sollte man Wasser mit Respekt behandeln.

Woher kommt das?

Um diese Eigenschaft genauer zu verstehen, soll vielleicht zunächst kurz grundsätzlich auf die Begriffe fest, flüssig und gasförmig eingegangen werden. Die sogenannten drei Aggregatszustände eines Stoffes betreffen dessen Verhalten bei unterschiedlichen Temperaturen. Die Temperatur eines Stoffes ist – naturwissenschaftlich gesehen – nichts anderes als ein Maß für die Bewegung der Atome bzw. Moleküle, aus dem er aufgebaut ist. Je höher die Temperatur ist, desto schneller bewegen sich die Atome.

Am einfachsten vorzustellen ist vielleicht der Aggregatzustand als Gas. In einer gasförmigen Verbindung herrscht weitgehend Freiheit. Die einzelnen Moleküle sind voneinander gelöst und fliegen durch den Raum. Natürlich ist dies eine Idealisierung, denn wenn in einem Gas die einzelnen Moleküle wirklich frei und unabhängig wären, gäbe es niemals so etwas wie Wind. Aber im Großen und Ganzen kommt die Vorstellung eines Gases als eine Ansammlung voneinander getrennter Moleküle (oder bei Edelgasen auch Atome) der Wirklichkeit schon einigermaßen nah. Man kann sogar, wenn man weiß, um welches Gas es sich handelt und wie hoch die Temperatur ist, ausrechnen, welche durchschnittliche Geschwindigkeit die einzelnen Gasteilchen haben. Bei Raumtemperatur ist dies z.B. für Stickstoff, welches den Hauptbestandteil der Luft ausmacht, mehr als 1800 km/h.

Warum sind dann nicht überhaupt alle Verbindungen gasförmig? Dies liegt daran, dass es bei vielen Verbindungen Gegen- oder Anziehungskräfte gibt, die die einzelnen Teilchen, aus denen die Verbindung besteht, zusammenhalten. Ich werde noch dazu kommen. Grundsätzlich kann man davon ausgehen, dass nahezu alle Verbindungen bei Raumtemperatur gasförmig wären, würde nur die Bewegungsenergie ihrer Teilchen eine Rolle spielen.

Gasförmig ist eine Verbindung somit naturgemäß bei höheren Temperaturen, denn dann ist die Bewegung der einzelnen Teilchen am höchsten und die daraus resultierende Energie ist in der Lage, etwaige Gegenkräfte zu überwinden. Was höher bedeutet, ist dabei für jede Verbindung unterschiedlich – beim Stickstoff z.B. reichen schon Temperaturen von – 195°C und höher, beim Kochsalz braucht man dagegen mehr als 1465°C!

In einer festen Verbindung liegen normalerweise klare Verhältnisse vor. Ähnlich wie bei einer Mauer die Ziegelsteine liegen die einzelnen Moleküle geordnet nebeneinander. Es herrscht idealerweise eine perfekte Ordnung. Natürlich ist dies nicht immer der Fall, aber im Großen und Ganzen kann man sich eine feste Verbindung durchaus so vorstellen. Ein gutes Beispiel ist z.B. die Struktur des Kochsalzes. Kochsalz sieht grafisch so aus:

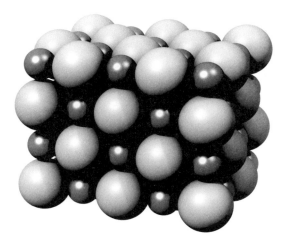

Dabei sind jeweils positive Natrium-Ionen (die kleineren Kugeln) nur von negativen Chlorid-Ionen (die größeren) umgeben und umgekehrt. Dies resultiert daraus, dass sich ja positive und negative Ladungen anziehen – negative und negative aber abstoßen (positive und positive natürlich genauso). Durch diese Struktur sind die jeweils gleichpoligen Ionen möglichst weit voneinander entfernt und nur von anderspoligen umgeben. Das Calciumoxid, welches ich Ihnen in Kapitel 1 vorgestellt habe, hat übrigens genau dieselbe Struktur, bloss mit Calcium- und Sauerstoffionen statt Natrium und Chlorid.

Es ist einsichtig, dass feste Stoffe vor allem bei tiefen Temperaturen vorkommen, denn da ist die Bewegung der einzelnen Teilchen am kleinsten. Feste Stoffe, die auch bei höheren Temperaturen noch fest sind, zeichnen sich dadurch aus, dass es starke Anziehungskräfte gibt, die verhindern, dass sich die einzelnen Teilchen zu weit von ihrem Platz bewegen und somit die Struktur, auf die sie im festen Zustand festgelegt sind, aufbrechen. Beim Kochsalz ist dies die elektromagnetische Anziehung zwischen den positiven Natrium-Ionen und den negativen Chlorid-Ionen. Wie schon oben erläutert wurde, ist diese Kraft beim Kochsalz sehr stark. Es wird erst bei 808 °C flüssig.

In einer Flüssigkeit verhält sich die Sache anders und es ist auch nicht so einfach, sich eine Flüssigkeit vorzustellen. Die Erklärung vieler, auch jedem bekannter Eigenschaften von Flüssigkeiten ist immer noch Gegenstand der Forschung und noch immer ist selbst Experten unklar, wie eine Flüssigkeit in allen Einzelheiten aufgebaut ist. Annäherungsweise kann man versuchen, sich vorzustellen, dass in einer Flüssigkeit sich die Moleküle zwar laufend bewegen, aber nahe beieinanderliegende Moleküle oder Atome trotzdem eine festgelegte Struktur bilden. Allerdings verläuft diese Struktur nicht über die ganze Flüssigkeit, wie es bei einer festen Verbindung der Fall wäre, sondern „bricht" nach kurzer Entfernung „ab". Auf jeden Fall müssen aber auch in einer flüssigen Verbindung Anziehungskräfte vorhanden sein, die zumindest nahbeieinanderliegende Moleküle aneinander binden. Andernfalls wäre die Verbindung nicht flüssig, sondern gasförmig.

Im Wasser resultieren diese Anziehungskräfte, wie man messen konnte, nahezu allein aus den Wasserstoffbrückenbindungen. Da jedes Wassermolekül gleich mit mehreren anderen Wassermolekülen über Wasserstoffbrückenbindungen zusammenhängt, sind diese Bindungen in der Summe extrem stark und sorgen für den hohen Siedepunkt von 100°C. Man schätzt, dass ohne die Wasserstoffbrückenbindungen Wasser einen Schmelzpunkt von −100°C und einen Siedepunkt von −75°C hätte, d.h. 100 bzw. 175 Grad weniger als man in der Natur beobachtet!

Erst wenn die Temperatur 100°C übersteigt, sorgt die resultierende Bewegung der Wasserteilchen dafür, dass die Struktur der Wassermoleküle durch die erhöhte Bewegung aufgebrochen wird. Das Wasser wird gasförmig.

An dieser Stelle lohnt sich nochmals ein genauerer Vergleich von Methan, Ammoniak und Wasser. Die Moleküle sind nachfolgend (von links nach rechts) noch einmal dargestellt.

```
    H                          
    |                          
H − C − H       H − N̄ − H       H − Ō − H
    |               |
    H               H
  Methan          Ammoniak        Wasser
```

Man sieht, dass es im Methan keine Wasserstoffbrückenbindungen geben kann. Dafür müsste es freie Elektronenpaare beim Kohlenstoff geben. Diese sind aber nicht vorhanden. Außerdem ist die Bindung zwischen Kohlenstoff und Wasserstoff nahezu unpolar, so dass eine δ^+-Ladung am Wasserstoff ebenfalls nicht existiert. Vielleicht erinnern Sie sich an das vorige Kapitel, da waren Wasserstoff und Kohlenstoff bei der Elektronegativität in dieselbe Gruppe (Gruppe 2) eingeordnet, was bedeutet, dass in einer Bindung beider Elemente sich die Elektronen in etwa in der Mitte aufhalten. Da im Methan auch keine Ionenbindung existiert, gibt es somit weder Wasserstoffbrückenbindungen noch elektromagnetische Kräfte, die der Bewegung der Teilchen entgegenstehen. Es überrascht somit nicht, dass Methan bei Raumtemperatur gasförmig ist.

Warum wird dann Methan überhaupt irgendwann flüssig? Immerhin sind es vom Siedepunkt von Methan (-161 °C) bis z.B. zum Siedepunkt von Neon (-246 °C) auch noch mehr als 80 °C Unterschied. Diese Frage ist übrigens gar nicht so einfach zu beantworten. Man hat festgestellt, dass im Methan, wie auch bei vielen anderen ähnlich aufgebauten Stoffen, sogenannte van-der-Waals-Kräfte existieren, die dafür sorgen, dass Methan auch bei genügend tiefer Temperatur flüssig wird – aber höherer Temperatur als beim Neon, wo es keine derartigen Kräfte gibt. Genauer soll aber auch hier nicht darauf eingegangen werden. Auf jeden Fall gibt es beim Methan keine Wasserstoffbrückenbindungen, die zwischen zwei Methanmolekülen anziehend wirken. Van-der Waals- und andere Kräfte sind, wie man messen kann, viel, viel schwächer. Schon eine vergleichsweise geringe Energie in Form der Bewegungsenergie der Teilchen reicht aus, um die Methanmoleküle voneinander zu lösen und somit Methan gasförmig zu machen.

Im Ammoniak sieht die Sache schon anders aus. Hier liegen zum einen polare Bindungen vor, d.h. Stickstoff ist δ^- und der Wasserstoff δ^+. Wenn Sie sich an das letzte Kapitel erinnern, war Stickstoff in Gruppe 1, Wasserstoff in Gruppe 2, somit sind die Elektronen näher beim Stickstoff. Außerdem hat der Stickstoff noch ein freies Elektronenpaar, wie man sehen kann. Somit gibt es im Ammoniak durchaus Wasserstoffbrückenbindungen.

Wenn man nun aber Wasser und Ammoniak vergleicht, so sieht man, dass im Ammoniak das Verhältnis zwischen den Wasserstoffen einerseits und den freien Elektronenpaaren andererseits ein wenig ungünstig ist. Es sind zu viele Wasserstoffe – nämlich drei – im Vergleich zu dem einzigen Elektronenpaar vorhanden. Übertragen auf den Opernball hieße dies, dass dreimal soviel Herren wie Damen anwesend sind. Somit tanzen zwar alle Damen, aber mehr als die Hälfte der Herren stehen frei herum.

Es verwundert somit nicht, dass Ammoniak, was den Siedepunkt angeht, ziemlich genau in der Mitte zwischen Methan und Wasser steht. Im Ammoniak gibt es zwar Wasserstoffbrückenbindungen, die dafür sorgen, dass Ammoniak im Vergleich zum Methan erst bei viel höheren Temperaturen gasförmig wird – aber so viele wie beim Wasser sind es nicht, da dazu das Verhältnis der Bindungspartner zu ungünstig ist. Somit hat Methan einen Siedepunkt von –161 °C, Ammoniak von –33 °C und Wasser von 100 °C.

4 Die Ordnung im Eis

Es gibt noch eine völlig erstaunliche Eigenschaft des Wassers, die zwar jedem bewusst ist, aber die genauer betrachtet ein wahres Wunder darstellt. Dies ist die Eigenschaft, dass Wasser im festen Zustand weniger dicht ist als im flüssigen Zustand. Genauer gesagt, ist Wasser bei 4 °C (noch genauer bei 3,983 °C) am dichtesten. Bei höheren und tieferen Temperaturen steigt die Dichte von Wasser wieder an. Der Dichteunterschied zwischen festem und flüssigem Wasser ist beträchtlich, so dehnt sich Wasser beim Gefrieren um ca. 9% aus. In einem schön kühlen Cocktail schwimmen daher die Eiswürfel oben und nicht unten.

Was ist daran so wunderbar?

Denken Sie doch einmal darüber nach: Diese Eigenschaft bewirkt, dass auf der Erde selbst im tiefsten Ozean das Wasser am Grund flüssig ist. Wäre Wasser im festen Zustand, d.h. im Zustand von Eis am dichtesten, so würde sich aufgrund des Drucks am Grunde des Ozeans sofort Eis bilden.

Außerdem friert Wasser von oben zu statt von unten. Bei einem See oder einem anderen Gewässer ist es so, dass sich zuerst oben eine Eisschicht bildet, die sich dann nach unten ausbreitet.

Bei mehr als 99,9% aller Verbindungen, die man kennt, ist es aber gerade umgekehrt. Sie sind im festen Zustand am dichtesten, d.h. pro Liter oder pro cm^3 (oder mm^3 oder welchen Raum Sie betrachten wollen), sind am meisten Moleküle vorhanden. Der Grund hierfür ist, dass im festen Zustand diese am geordnetsten sind. Im flüssigen Zustand brauchen die einzelnen Moleküle mehr Platz, da sie sich laufend bewegen. Somit passen in einen vorgegebenen Raum weniger Moleküle hinein als im festen Zustand, d.h. die Dichte ist geringer.

Wäre Wasser eine ganz normale chemische Verbindung, so wäre dies für das Leben auf der Erde eine Katastrophe! Man müsste davon ausgehen, dass dann selbst am Äquator ab der Tiefe, wo die Sonnenstrahlen nicht mehr genügend eindringen (vielleicht 50-100 Meter, so genau weiß ich das nicht), der Ozean kein Ozean mehr wäre, sondern pures Eis – und das bis auf den Meeresgrund. Wenn man bedenkt, dass die Ozeane im Durchschnitt mehrere Kilometer tief sind, bestünden somit mehr als 99% der Ozeane der Welt aus Eis. An den Polen wäre die Erde sogar komplett durchgefroren!

Zudem bildet Wasser, weil es von oben zufriert, eine Art natürliche Schutzschicht gegen das Durchfrieren. Dies ist bei allen anderen Substanzen, die von unten gefrieren ganz anders. Es ist selbstredend, dass Leben, so wie wir es kennen, unter diesen Bedingungen kaum denkbar wäre.

Warum ist dies so?

Auch dies lässt sich über Wasserstoffbrückenbindungen erklären. Dazu muss ich aber noch etwas genauer auf die räumliche Anordnung der Atome im Wasser eingehen. Dazu betrachten wir wieder die Darstellung von Methan, Ammoniak und Wasser, die wir im letzten Kapitel schon kennengelernt haben:

$$\begin{array}{ccc} \text{H} & & \\ | & & \\ \text{H}-\text{C}-\text{H} & \text{H}-\overline{\text{N}}-\text{H} & \text{H}-\overline{\underline{\text{O}}}-\text{H} \\ | & | & \\ \text{H} & \text{H} & \\ \text{Methan} & \text{Ammoniak} & \text{Wasser} \end{array}$$

Beginnen wir mit dem Methan. In der oberen Darstellung sieht ein Methanmolekül aus, als wäre es flach „wie ein Pfannkuchen". Das ist aber in der Natur nicht die richtige räumliche Struktur des Methans. Man kann diese mittels geeigneter Methoden untersuchen und wir wissen ziemlich genau, wie sie aussieht. Die Struktur des Methans kann man sich auch herleiten, indem man sich vorstellt, dass die vier Bindungen, die vom Kohlenstoffatom ausgehen, versuchen, sich möglichst weit voneinander zu entfernen. Dies hängt zum einen damit zusammen, dass die Wasserstoffatome Platz brauchen – aber vor allem damit, dass die Bindungen von Elektronenpaaren gebildet werden. Elektronen sind negativ geladen und je weiter weg die Elektronenpaare voneinander sind, desto besser.

Versuchen Sie sich das kurz einmal vorzustellen. Es ist gar nicht so einfach!

Wenn man es mathematisch ausdrücken will, so entsteht bei dieser Überlegung ein sogenannter Tetraeder. Ein Tetraeder sieht aus wie eine Pyramide, nur dass als Grundfläche kein Quadrat, wie bei den Pyramiden von Gizeh, sondern ein Dreieck verwendet wird. Der Kohlenstoff sitzt in der Mitte, die Wasserstoffe an den Ecken. (Fantasy-Rollenspieler alter Schule unter Ihnen kennen die Struktur natürlich: ein W4). Insgesamt sieht dies also so aus:

Es ist eigentlich sehr erstaunlich, dass die wirkliche Struktur des Methanmoleküls aus dieser einfachen Überlegung herzuleiten ist, denn die Übereinstimmung ist nahezu perfekt. So beträgt nach den Regeln der Mathematik der Winkel, den zwei Wasserstoffatome und der Kohlenstoff für einen Tetraeder bilden müssten, (H-C-H) 109,5°. Tatsächlich ist dies in der Realität genauso!

Die Struktur des Ammoniakmoleküls kann man sich so vorstellen, dass ein Wasserstoff des Methans durch das Elektronenpaar des Stickstoffs ersetzt wurde. Dies sähe dann so aus:

Eine Bindung fürs Leben

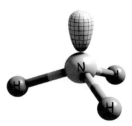

Ein Elektronenpaar, welches in der Grafik als eine Art verzerrter „American Football" dargestellt ist, was – aus Gründen die zu weit führen würden – eine ganz vernünftige Annäherung ist, beansprucht mehr Platz als eine kovalente Bindung. Etwas einfach aber nicht völlig unstimmig dargestellt liegt dies daran, dass bei einer kovalenten Bindung am Ende ein Wasserstoff sitzt, der ein wenig die Elektronen zu sich hinzieht. Bei einem Elektronenpaar gibt es dies nicht. Da sich die Elektronenpaare abstoßen, „verzieht" oder „verändert" sich die Struktur etwas, um nichtgebundenen Elektronenpaaren etwas mehr Raum zu geben. Somit ergibt sich ein Winkel H-N-H, der etwas kleiner ist als beim Methan, aber nicht wirklich viel. Er beträgt 106,8°.

Im Wasser sind nun zwei Elektronenpaare vorhanden. Die Struktur sieht dann ungefähr so aus:

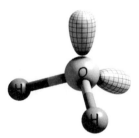

Der resultierende Winkel ist dementsprechend noch etwas kleiner als beim Methan. Er beträgt 104,5°. Die Darstellung aus dem vorherigen Kapitel, in dem Wasser geradlinig gezeichnet worden war, stimmt also nicht mit der Realität überein. Wasser ist gewinkelt. An dem Netzwerk an Wasserstoffbrückenbindungen, welches im Wasser gebildet wird, ändert sich aber grundlegend nichts.

Wenn nun Wasser fest wird und Eis entsteht, passiert etwas sehr Merkwürdiges. Das Eis lagert sich nämlich so zusammen, dass Tetraeder entstehen, genau wie beim Methan – nur dass jetzt kein Kohlenstoff in der Mitte steht, sondern Sauerstoff. Allerdings bildet Sauerstoff nur zwei kovalente Bindungen zu Wasserstoff aus, die beiden restlichen Plätze sind durch die Elektronenpaare „belegt". Trotzdem ist im Eis jedes Sauerstoffatom von vier Wasserstoffatomen umgeben. Wie funktioniert das? Relativ einfach: In den Tetraedern, die im Eis gebildet werden, sind nun die beiden anderen Bindungen keine kovalenten Atombindungen, sondern Wasserstoffbrückenbindungen.

Das wäre nun nicht weiter schlimm, im flüssigen Wasser gibt es diese Bindungen ja auch. Das Erstaunliche ist aber, dass im Eis die Wasserstoffbrückenbindungen *genauso lang* sind und *dieselbe Richtung* haben wie die kovalenten Atombindungen. Strukturell werden somit die Atombindungen und die Wasserstoffbrückenbindungen gleich. Bezogen auf den Opernball wäre dies, als ob man ein Tanzpaar aneinander fesseln würde und die Tanzpartner nun keine Möglichkeit haben, sich voneinander zu entfernen, geschweige denn den Abstand voneinander zu vergrößern oder zu verkleinern.

Wie sieht Eis nun genau aus? Die genaue Struktur ist etwas kompliziert. Um sie sich besser vorstellen zu können, ist zunächst ein „Eis-Tetraeder" gezeigt.

Wichtig ist hierbei, dass nur zwei der Wasserstoffe an den Sauerstoff im Zentrum kovalent gebunden sind. Die beiden anderen sind an einen anderen Sauerstoff gebunden, der hier nicht gezeigt ist. Diese Wasserstoffe sind durch die gestrichelten Linien dargestellt. An diese Wasserstoffe ist der Sauerstoff nur über die Wasserstoffbrückenbindungen gebunden – aber das spielt hier keine Rolle, wie wir gesehen haben. Die Tetraeder stapeln sich nun so zusammen wie in der folgenden Grafik, die einen Ausschnitt der Struktur zeigt:

Dabei müssen Sie sich vorstellen, dass immer in der Mitte eines Tetraeders ein Sauerstoff sitzt und an den Ecken jeweils ein Wasserstoff.

Schmilzt nun das Eis, so bekommen die einzelnen Wassermoleküle wieder mehr Freiheit sich zu bewegen. Nun „erinnern" sich die Wassermoleküle wieder daran, dass Wasserstoffbrückenbindungen und Atombindungen nicht dasselbe sind. Und das hat große Konsequenzen: In einer Atombindung ist die Distanz zwischen den Bindungspartnern festgelegt und verändert sich nicht oder nur unter Zufügung großer Energie. Ähnlich ist bei Ihnen die Distanz z.B. zwischen Ihrer Hand und Ihrem Ellenbogen festgelegt. Wollten Sie diese verändern, ist das nicht so einfach!

Wenn Sie aber mit einem Tanzpartner tanzen, so ist es auch während des Tanzes durchaus möglich, dass Sie ein wenig und wenn es nur ein paar Zentimeter sind aufeinander zugehen oder sich voneinander entfernen. Trotzdem können Sie problemlos weitertanzen. Ähnlich ist es auch bei Wasserstoffbrückenbindungen, hier herrscht ein größerer Freiheitsgrad als bei Atombindungen.

Im flüssigen Wasser sind aber die einzelnen Wassermoleküle nicht mehr auf die rigide Struktur des Eises festgelegt. Somit können diese – wenn auch nur ein bisschen – weiter aufeinander zugehen, da nun strukturell die Wasserstoffbrückenbindungen und Atombindungen nicht mehr gleich sind. Um am Beispiel zu bleiben: Dies wäre, als würden die Fesseln zwischen den Tanzenden wieder gelöst und diese könnten sich nun wieder ein wenig nähern.

Wenn Sie sich die obige Struktur des Eises ansehen, so können Sie feststellen, dass zwischen den Tetraedern noch Platz ist – die Struktur ist nicht völlig „dicht". Dieser Platz kann aber vom Wasser, während es fest ist, nicht ausgenutzt werden, da es durch die Struktur festgelegt ist. Anders ist das, wenn das Wasser flüssig ist. Im flüssigen Zustand sind die einzelnen Moleküle weit weniger in eine rigide Struktur gepresst.

Im flüssigen Wasser „ruckelt" sich dann somit alles so „zurecht", dass dieser Platz teilweise auch noch ausgenutzt wird. Somit passen nun mehr Wassermoleküle in einen gegebenen Raum. Zwar nicht besonders viele – aber dies reicht, dass ein Dichteunterschied entsteht, der bewirkt, dass Wasser bei 4 °C am dichtesten ist.

Andersherum ist es so, dass wenn Wasser gefriert, die Tanzpartner wieder aneinandergekettet werden und zwar in einem genau definierten Abstand und in der oben gezeigten genau festgelegten Struktur. Durch diese Prozedur – quasi ein „in Reih und Glied aufstellen" – wird etwas mehr Platz benötigt, als wenn die Wassermoleküle dicht an dicht sich so aufstellen könnten, wie sie „wollten". Das Wasser dehnt sich somit aus. Die Kraft, die dabei entsteht ist so groß, dass sie sogar Felsen sprengen kann!

Erwärmt man Wasser auf Temperaturen über 4 °C, so bewegen sich die einzelnen Wassermoleküle entsprechend immer schneller und brauchen dadurch mehr Platz. Das Wasser dehnt sich aus, d.h. die Dichte nimmt ab. Dies ist aber ganz normal und bei allen Verbindungen so.

Das Wunder des Wassers ist sein Zustand im Abschnitt zwischen 0°C und 4°C, d.h. die Phase, bei der die Dichte trotz steigender Temperatur ebenfalls ansteigt und nicht abnimmt. Dieses überraschende Verhalten resultiert daraus, dass – um es etwas platt, aber nicht unzutreffend auszudrücken – im Eis Atombindungen und Wasserstoffbrückenbindungen gleich behandelt werden, obwohl sie es nicht sind. Erst wenn Wasser flüssig wird, „erinnert" es sich wieder daran, dass ein Unterschied existiert.

Wenn Sie also das nächste Mal einen Eiswürfel in Ihrem Getränk sehen, dann denken Sie doch daran, was für ein Wunder es ist, dass er oben schwimmt und nicht unten auf dem Boden liegt. Dieser Tatsache verdanken Sie Ihr Leben!

5 Auflösen wie Zucker in Wasser

Diese Redensart kennen Sie vielleicht oder die Ermahnung „Wir sind doch nicht aus Zucker", die ich als Kind besonders gern gehört habe, wenn es darum ging, auch im Regen rauszugehen, was ich überhaupt nicht mochte... aber warum löst sich Zucker in Wasser?

Oder noch anders gesagt: Warum ist Wasser für viele Stoffe ein gutes, teilweise sogar sehr gutes Lösemittel und für andere nicht?

Im Grunde ist die Sache ganz einfach: Wasser löst am besten die Stoffe, die ihm chemisch ähnlich sind und zu denen es gut Wasserstoffbrückenbindungen aufbauen kann. Stoffe die chemisch anders aufgebaut sind, löst es weniger gut.

Wie kann man feststellen, welcher Stoff sich gut in Wasser löst und welcher nicht? „Ganz einfach", werden Sie sagen, „ich nehme Wasser und probiere es einfach aus." Das ist natürlich richtig und im Zweifel auch die Methode der Wahl. Lassen Sie mich also die Frage anders formulieren: Wie kann man allein anhand der chemischen Struktur abschätzen, welcher Stoff sich gut in Wasser löst und welcher nicht?

Auch das ist nicht so schwer. Fangen wir mit einem ganz einfachen Stoff an, dem Alkohol. Allerdings heißt in der Chemie „Alkohol", also was in Ihrem Bier oder Wein enthalten ist, nicht Alkohol sondern Ethanol. Das liegt daran, dass der Begriff Alkohol chemisch zur Bezeichnung für eine ganze Klasse von Stoffen geworden ist – der Alkohol, den Sie kennen, ist nur einer davon. Ethanol sieht chemisch so aus:

$$\begin{array}{c} \text{H} \quad \text{H} \\ | \quad | \\ \text{H}-\text{C}-\text{C}-\overline{\text{O}}-\text{H} \\ | \quad | \\ \text{H} \quad \text{H} \end{array}$$

Man sieht, dass hier zwei Kohlenstoffe aneinander geknüpft sind. Das ist nichts Ungewöhnliches. In der organischen Chemie, d.h. der Chemie, die sich vor allem mit Kohlenstoffverbindungen beschäftigt, sind zwei Kohlenstoffe in einem Molekül eher wenig. Kohlenstoff ist als eines von nur ganz wenigen Elementen in der Lage, sich zu langen Ketten oder auch Ringen aneinanderzureihen. Dies ist in der organischen Chemie so allgegenwärtig, dass man Kohlenstoff häufig eher als eine Art Grundgerüst einer Verbindung betrachtet – ähnlich wie Ziegelsteine in einer Wand.

Weiterhin sieht man im Ethanol, dass fünf der sechs möglichen Kohlenstoff-Bindungsplätze (denn Kohlenstoff ist immer vierbindig) mit Bindungen zu Wasserstoff ausgebildet sind. Auch dies ist in der organischen Chemie gängige Praxis. Bei den allermeisten organischen Molekülen ist dies so.

Die Tatsache, dass zum einen Kohlenstoff Ketten oder Ringe bildet und meistens die sonstigen Bindungen zu Wasserstoffen ausgebildet sind, hat Chemiker dazu verleitet, die obige Schreibweise von Molekülen radikal zu vereinfachen. Dies möchte ich kurz erklären, da auch mir dies das Leben in den folgenden Kapiteln erleichtern wird! Ethanol sieht in dieser Schreibweise so aus:

Das ist nun wirklich wenig Schreibarbeit! Wie man sieht, steht jeder Knick – und das Ende – dieser Zickzacklinie für einen Kohlenstoff. Soweit es nicht weiter angedeutet ist, sind alle Bindungen mit Wasserstoffen aufgefüllt.

Manchmal macht man es sich auch nicht ganz so leicht und deutet wenigstens das Ende an, das sieht dann so aus:

Diese Schreibweise verkürzt das Ethanol auf den ersten Blick sehr wesentlich. Aber das ist auch erlaubt, denn meistens rühren die chemischen Eigenschaften von organischen Molekülen nicht aus der Kohlenstoffkette her, sondern aus den anderen Atomen, die an die Kohlenstoffkette angebunden sind.

So hat man festgestellt, dass viele Eigenschaften, die Ethanol besitzt, genauso vorhanden sind, wenn man die Kohlenstoffkette um ein Atom verlängert. Es entsteht eine Verbindung, die Propanol heißt und so aussieht:

In der Spar- oder Strichschreibweise:

Daher hat man fast alle Moleküle, in denen eine OH-Einheit vorhanden ist, zusammengefasst und Alkohole getauft. Für einen Chemiker sind also Alkohole eine unglaubliche Vielzahl von Verbindungen.

An dieser Stelle möchte ich einen kleinen Exkurs über den Kohlenstoff einschieben.

Kohlenstoff bildet, wenn man die Sache chemisch richtig anstellt, sehr, sehr lange Ketten. Diese heißen ab einer bestimmten Länge chemisch meist Polyethylen. Das kennen Sie von Ihrer Plastiktüte. Der Name kommt von der Herstellungsweise und soll jetzt nicht näher erläutert werden. Die Anzahl an aneinandergereihten Kohlenstoffen beträgt hier aber mehr als Zehntausend, teilweise sogar Hunderttausende!

Kohlenstoff ist obendrein in der Lage, mit sich selbst mehr als nur eine Einfachbindung einzugehen. Es gibt somit auch Zweifachbindungen, meist Doppelbindungen genannt, und sogar Dreifachbindungen. Wenn man z.B. beim Propanol eine Doppel- oder Dreifachbindung einführt, dann entstehen ebenfalls stabile Moleküle, die Allylalkohol und Propargylalkohol genannt werden und so aussehen:

Allylalkohol   Propargylalkohol

In der Sparschreibweise:

Allylalkohol   Propargylalkohol

Weiterhin bildet Kohlenstoff auch Ringe. Besonders stabil sind dabei Fünf- und Sechsringe. Ganz besonders stabil sind Sechsringe, bei denen sich Einfach- und Zweifachbindungen abwechseln. Diese Ringe – die übrigens tatsächlich „flach wie ein Pfannkuchen" sind – nennt man auch Benzolringe, da das einfachste dieser Moleküle Benzol heißt und so aussieht:

Ein etwas komplexeres Molekül, bei dem zwei dieser Ringe aneinanderhängen, kennen Sie vielleicht dem Namen nach – das Naphthalin, welches früher Hauptbestandteil der Mottenkugeln war. Es ist ebenfalls flach und hat folgende Struktur:

Aus allen diesen Gründen gibt es sehr viel mehr bekannte chemische Verbindungen in der organischen Chemie als in der anorganischen, ungefähr 30- bis 40 mal so viele.

Aber zurück zum Ethanol. Die allererste Abbildung, die das Ethanol grafisch dargestellt hat, ist – wieder einmal – im Hinblick auf die reale Struktur des Ethanols nicht korrekt. Tatsächlich sieht Ethanol eher so aus, wie in der Sparschreibweise geschrieben, nämlich etwas „gezackt":

In dieser Darstellung sind die Kohlenstoffatome nicht mit C bezeichnet, sondern als „Kreuzungen" dargestellt. Die Struktur kann man sich am besten so vorstellen, dass zwei Methan-Tetraeder aneinander gereiht wurden, wobei einer auf dem Kopf steht:

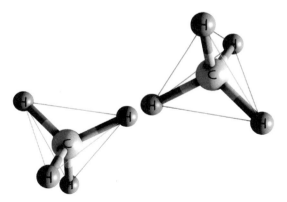

An einem Tetraeder hängt natürlich noch ein Sauerstoff, der hier nicht eingezeichnet ist. Die Zickzack- oder Spar-Schreibweise trifft also die chemische Realität ganz gut, auch deshalb wird sie so gern verwendet.

Ethanol ist, wenn man so will, zweigeteilt. Der linke Teil besteht aus Kohlenstoff-Kohlenstoff- und Kohlenstoff-Wasserstoff-Bindungen. Bei diesen Bindungen sind die Bindungselektronen jeweils in der Mitte – die Bindungen sind unpolar. Es gibt in dieser Bindung somit keinen Pluspol und keinen Minuspol.

Der rechte, etwas kürzere Teil dagegen besteht aus Sauerstoff und Wasserstoff, die an die Kohlenstoffkette angefügt sind. Während in der Bindung zwischen Sauerstoff und Kohlenstoff die Bindungselektronen zwar etwas näher beim Sauerstoff liegen (aber nicht wirklich auf einer Seite), ist die Sauerstoff-Wasserstoff-Bindung deutlich polar, d.h. Sauerstoff hat in dieser Bindung ein δ^-, Wasserstoff ein δ^+. Außerdem hat Sauerstoff noch zwei freie Elektronenpaare, die in der Darstellung eingezeichnet sind:

Wasser kann also zu diesem rechten polaren Teil auf ähnliche Weise wie mit sich selbst Wasserstoffbrückenbindungen ausbilden. Zwar kann es dies zum unpolaren Teil des Moleküls nicht, aber das ist bei Ethanol kein Problem. Die Wasserstoffbrückenbindungen zum polaren Teil des Ethanols sind so stark, dass sie dafür sorgen, dass Ethanol sich vollständig mit Wasser mischt, wie Sie aus eigener Erfahrung kennen. Man kann sich das ungefähr so vorstellen:

Anders wird es, wenn der unpolaren Teil größer wird, denn dann wird es für das Wasser natürlich immer „schwieriger". Der nächstlängere Alkohol, Propanol, dessen Struktur ja oben auch gezeigt ist, löst sich ebenfalls komplett in Wasser. Der wiederum nächstlängere Alkohol mit dann vier Kohlenstoffatomen heißt Butanol. Er löst sich nicht mehr vollständig in Wasser. Die Löslichkeit beträgt 80g auf einen Liter. Bei den nächsthöheren Alkoholen wird es dann noch schwieriger und irgendwann lösen sie sich gar nicht mehr. Ein Extremfall ist z.B. das folgende Molekül:

Es enthält zwar noch eine etwas einsame OH-Gruppe unten links, ansonsten ist es ein wahres Kohlenstoff-Wasserstoff-Monstrum. Die Löslichkeit dieser Verbindung in Wasser ist nahezu Null. Sie kennen es dem Namen nach. Es heißt Cholesterin oder inzwischen auch Cholesterol, um anzudeuten, dass es eine Alkohol-Gruppe besitzt.

Anders sieht es dagegen bei Zuckern aus. Auch der Name Zucker im chemischen Sprachgebrauch bedeutet etwas anderes als im täglichen Umgang und die Bezeichnung Zucker steht ebenfalls für eine ganze Klasse von Substanzen. Dies kennen Sie vielleicht schon daher, dass es neben dem normalen Haushaltszucker noch andere Zucker gibt, wie Traubenzucker, Malzzucker, Fruchtzucker oder Milchzucker. Diese Namen stehen für verschiedene Verbindungen, die chemisch gesehen alle unter dem Begriff Zucker zusammengefasst sind.

Was allen Zuckern gemeinsam ist, ist die hohe Zahl von OH-Gruppen im Molekül. (Kann man somit Zucker chemisch auch als Alkohole bezeichnen? Ja, man kann... auch wenn dies vielleicht etwas verwirrend ist. Zucker sind streng genommen eine Untergruppe der Alkohole. Trotzdem hilft es Ihnen nichts, wenn Sie bei der Polizeikontrolle damit argumentieren...)

Die Struktur von Haushaltszucker, chemisch auch Saccharose genannt, ist hier dargestellt:

Sie werden feststellen, dass angesichts der Tatsache, dass diese Verbindung kiloweise in Supermärkten verkauft und speziell, wenn Sie kleine Kinder haben in noch größeren Mengen konsumiert wird, die Struktur doch relativ komplex ist. Das stimmt! Ich will hier auf die

Eine Bindung fürs Leben

Besonderheiten gar nicht weiter eingehen. Das einzige, was hier gezeigt werden soll, ist, dass Haushaltszucker acht OH-Einheiten besitzt und sich somit in Wasser löst.... wie Zucker in Wasser! Man hat die Löslichkeit von Zucker in Wasser gemessen. Bei 20 °C lösen sich 1,97 kg Zucker in einem Liter Wasser. In einer solchen Lösung ist somit fast doppelt soviel Zucker wie Wasser enthalten!

Ich möchte noch ein wenig in der Küche verbleiben und vom Zucker zum Salz übergehen. Auch Salz löst sich ja in ziemlicher Menge in Wasser, genau gesagt 359 g in einem Liter bei 20 °C, obwohl es gar keine OH-Einheiten enthält! Wie kann das sein?

Auch dies ist eigentlich ganz einfach, wenn Sie sich an die Definition der Wasserstoffbrückenbindung aus Kapitel 3 erinnern. Diese sei somit noch mal wiederholt:

Eine Wasserstoffbrückenbindung ist die Anziehungskraft zwischen einer positiven Ladung (entweder einer echten positiven Ladung wie beim Na^+ oder einer δ^+-Ladung wie beim Wasserstoff im Wasser) und einem freien Elektronenpaar eines anderen Atoms.

Im vorliegenden Fall gibt es somit gleich zwei Möglichkeiten von Wasserstoffbrückenbindungen. Einmal bilden sie sich zwischen dem Na^+ und den freien Elektronenpaaren des Sauerstoffs im Wasser und andersherum zwischen den δ^+-Ladungen des Wasserstoffs im Wasser und den freien Elektronenpaaren des Chloridions. Denn wie Sie sich erinnern, hat das Chlorid gleich vier davon. Außerdem ist es negativ geladen.

Man hat nun die Lösung von Kochsalz in Wasser genau untersucht und festgestellt, dass das Natriumion Wasserstoffbrückenbindungen zu den umgebenden Wassermolekülen ausbildet – und zwar nicht eine, sondern gleich mehrere. Insgesamt lagern sich sechs Wassermoleküle an das Natrium an. Dies kann man sich ungefähr so vorstellen:

Beim Chlorid ist es genauso. Auch hier ist jedes Chloridion in Wasser an sechs Wassermoleküle gebunden. Nur ist das Chloridion negativ geladen und besitzt gleich vier freie Elektronenpaare. Somit bilden sich die Wasserstoffbrückenbindungen zwischen dem Wasserstoff des Wassers und dem Chlorid.

Diese Wasserstoffbrückenbindungen sorgen dafür, dass sich das Salz in Wasser löst. Dabei – und das sei am Rande erwähnt – trennen sich Chlorid und Natrium. Im Wasser liegen Natrium und Chlorid fast völlig getrennt voneinander vor. Das ist beim Zucker anders. Zucker löst sich zwar auch in Wasser, das einzelne Zuckermolekül bleibt aber dabei ganz. Dieser Unterschied war übrigens für die Chemiker ein ziemliches Rätsel, und für die Aufklärung der Tatsache, dass sich Kochsalz „zerlegt" (man spricht wissenschaftlich auch von dissoziiert), Zucker aber nicht, wurde sogar im Jahre 1903 ein Nobelpreis an deren Entdecker Svante Arrhenius vergeben.[3]

Dieser Arrhenius war übrigens ein sehr vielseitiger Wissenschaftler – denn unter anderem sagte er im Jahr 1895 den Treibhauseffekt voraus! Er hielt ihn übrigens für eine gar nicht so schlechte Sache, denn dann wäre es auch im Winter warm... habe ich schon erwähnt, dass er Schwede war?

---

[3] Anm.: Bedenken Sie, dass ansonsten Kochsalz eine unglaublich stabile Substanz darstellt; den hohen Schmelz- und Siedepunkt (808 bzw. 1465°C) habe ich Ihnen ja schon vorgestellt. Nur in Wasser ist es mit der Stabilität dann schlagartig vorbei.

6 Seifen und Zellen

Im vorigen Kapitel haben ich Ihnen mehrere Beispiele für Stoffe gezeigt, welche sich gut in Wasser lösen. Welche Stoffe lösen sich nun schlecht in Wasser?

Dies sind vor allem Stoffe, welche keine oder nur schlecht Wasserstoffbrückenbindungen eingehen können – also alle Stoffe, bei denen die meisten Bindungen unpolar sind. Es ist wie in der Küche bei Ihrer Salatsoße: Der Zucker (falls Sie welchen verwenden), das Salz und der Essig lösen sich gut in Wasser, aber das Öl nicht. Es schwimmt oben. Das liegt daran, dass Salatöl unpolar ist.

In chemischen Laboren werden übrigens die meisten Versuche in eher unpolaren Gemischen durchgeführt. Dies liegt daran, dass viele Verbindungen, an deren Chemie man interessiert ist, sich nicht in Wasser lösen. Stattdessen nimmt man andere Stoffe, wie z.B. das Chloroform. Oder sogenannte Petrolether, die ziemliche Ähnlichkeit mit dem Benzin haben, das Sie tanken.

Kann man einem Stoff eigentlich ansehen, ob er polar oder unpolar ist? Ja das kann man durchaus. Es ist eigentlich ganz einfach: Je mehr Kohlenstoff und Wasserstoff und weniger andere Atome er enthält, desto unpolarer ist der Stoff und desto schlechter löst er sich in Wasser.

Ein Beispiel sind die Fette. Jeder weiß, dass sich Fette genau wie Öle nicht in Wasser lösen. Es gibt viele unterschiedliche Fette, aber die allermeisten Fette haben einen ähnlichen Aufbau, nämlich folgenden:

Der linke umrandete Teil ist dabei immer gleich. Chemisch spricht man dabei von einem Glycerintriester, was das genau ist, muss hier nicht weiter erläutert werden. Nur der rechte Teil, d.h. die Länge und der Aufbau der Ketten, unterscheidet sich von Fett zu Fett. Öle wie z.B. Ihr Salatöl sehen übrigens im Wesentlichen auch genauso aus.

Wie man sieht, besitzen Fette durchaus Sauerstoffatome, aber das reicht nicht, um genügend Wasserstoffbrückenbindungen aufzubauen. Die Kohlenstoffketten sind einfach zu lang.

Wenn man aber ein Fett nimmt und z.B. mit Natronlauge versetzt, so geschieht etwas sehr interessantes – nämlich etwas, was als Verseifung bekannt ist. Durch diese Reaktion wird das oben angegebene Fett in vier Teile gespalten:

Dabei entsteht aus dem dunkler umrahmten Teil, welcher an ein „m" erinnert, ein Molekül welches Glycerin oder, da es ein Alkohol ist, inzwischen häufig auch Glycerol genannt wird. Es hier jedoch nicht weiter wichtig. Aus den anderen, etwas heller markierten Teilen entstehen sogenannte Fettsäuren und auf die kommt es im folgenden an. Diese Fettsäuren unterscheiden sich in einem wichtigen Punkt, auf den ich genauer eingehen will, ganz wesentlich von dem Fett aus dem sie entstanden sind. Eine dieser Fettsäuren, noch genauer: ein Fettsäurenatriumsalz soll exemplarisch genauer untersucht werden. Es sieht folgendermaßen aus:

Der große Unterschied zu der chemischen Struktur des Fetts ist der linke Teil. Dieser sieht, noch genauer, so aus:

Die Kohlenstoffkette ist hier mit „R" (für „Rest") abgekürzt. Das ist in der Chemie ganz normal – Chemiker sind da gern ein wenig faul oder konzentrieren sich auf das Wesentliche, ganz wie man meint. Bei dieser Verbindung handelt es sich um eine sogenannte Carbonsäure, noch genauer ein sogenanntes Carbonsäuresalz. Diese Verbindungen werden später noch genauer betrachtet. Was man aber jetzt schon sieht, und was zur Zeit auch erst einmal ausreicht, ist, dass bei diesem sogenannten Carbonsäuresalz gleich fünf freie Elektronenpaare bei den beiden Sauerstoffen vorhanden sind. Gleichzeitig gibt es auch noch eine negative Ladung an einem der Sauerstoffatome, ähnlich wie beim Zyanid-Ion aus dem Zyankali aus dem allerersten Kapitel. Somit ist dieser Teil des Moleküls sehr gut in der Lage, Wasserstoffbrückenbindungen auszubilden. Auf der anderen Seite ist die lange Kohlenstoffkette mit Wasser nicht gut „verträglich".

Wenn man also diese Verbindung in Wasser gibt, geschieht etwas sehr Interessantes. Die Moleküle orientieren sich jetzt so, dass sie eine Kugel bilden. Im Innern der Kugel befinden sich die Kohlenstoffketten, an der Oberfläche der Kugel die Carbonsäurereste. Das sieht ungefähr so aus:

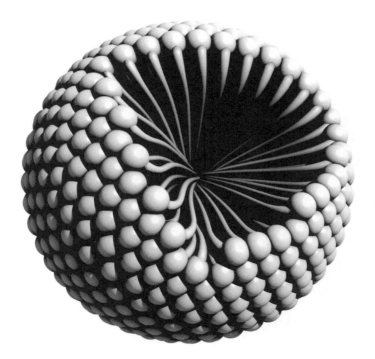

Dabei sind in diesem Bild die Carbonsäuresalze so dargestellt worden, wie folgend erläutert:

Diese Kugeln nennt man in der chemischen Fachsprache Mizellen. Wozu sind diese Mizellen gut? Nun – der Name der ursprünglichen Reaktion deutet es schon an: Verseifung. Diese Fettsäuresalze und die Mizellen, die daraus entstehen sind nichts anderes als Seifen! Tatsächlich wurde jahrhundertelang Seife genau auf diese Weise aus Fett hergestellt. Es gab sogar einen Berufsstand, die Seifensieder, die nichts anderes taten, als diese Reaktion durchzuführen und aus Fett Seife herzustellen. Heute gibt es so gut wie keine Seifensieder mehr, sieht man mal von Ausnahmen wie Tyler Durden im Film „Fight Club" ab. Seifen werden industriell und im Wesentlichen aus Erdöl hergestellt. Aber das sei nur am Rande erwähnt.

Wie Sie alle wissen, kann man mit Seife Wäsche oder natürlich auch die Hände sauber machen. Vor allem befreit Seife die Wäsche von Fett. Allein mit Wasser ist das schwierig, was im wesentlichen an der schlechten Wasserlöslichkeit von Fett liegt. Mit Seife geht es aber viel besser, und das funktioniert so: Seifen liegen in Form von Mizellen vor. In deren Innern sind die Verhältnisse unpolar, einfach dadurch, dass die Kohlenstoffketten sich dort befinden. Somit können sich Fette im Innern der Mizellen aufhalten, sie werden quasi in der Mizelle gelöst. Gibt man also wässrige Seifenlösung zu Wäsche, führt dies dazu, dass – wenn man ein bisschen durch Schrubben nachhilft – sich das Fett in die Mizellen einlagert:

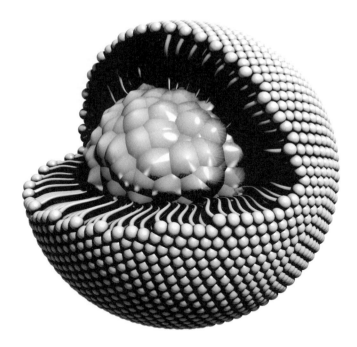

Die Mizelle *als Ganzes* ist aber in Wasser löslich, ganz einfach, weil die Carbonsäurereste außen angeordnet sind und somit jede Menge Wasserstoffbrückenbindungen mit Wasser bilden können. Wenn man somit Wäsche dann aus der Seifenlösung entfernt, so bleibt die Mizelle mit dem darin befindlichen Fett im Wasser zurück. Somit kann man – über die Seife – Fett ins Wasser bekommen und somit aus Wäsche entfernen!

Wie man sonst noch sehr gut Wäsche reinigen kann, erzähle ich später in Kapitel 10. Kommen wir stattdessen aus dem Haushalt hin zur modernen Forschung. Die Forschung hat sich nämlich genau die andere Frage gestellt: wie bekomme ich Kochsalz aus dem Wasser heraus – und in „Öl" (d.h. ein unpolares Lösemittel) hinein?

Das ist gar nicht so einfach, denn im Kochsalz sind sowohl die Natrium- wie Chloridionen geladen! Wie soll das denn gehen? Wenn Sie Salz in Ihr Salatöl geben, können Sie solange schütteln und es versuchen aufzulösen wie Sie wollen. Das wird nicht geschehen! „Nun gut", werden Sie vielleicht sagen, „das ist doch auch egal. Wir haben ja Wasser, um Kochsalz darin aufzulösen, Öl brauchen wir nicht."

Für die Küche ist es wahrscheinlich wirklich egal, aber wie häufig in der naturwissenschaftlichen Forschung steckt noch wesentlich mehr dahinter.

Dazu muss ich Ihnen aber zunächst noch etwas anderes zeigen. Die Anordnung als Mizelle ist nämlich nicht die einzige, die man bei Fettsäuren kennt. Es gibt noch eine andere und die ist für das Leben auf dieser Erde, also auch Ihr und mein Leben, absolut essentiell. Unter bestimmten Umständen ordnen sich Fettsäuren nämlich so an, dass die Carbonsäurereste nicht nur nach außen stehen, sondern auch nach innen. Es entsteht ein sogenanntes Liposom:

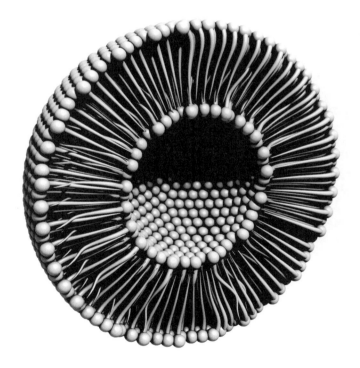

Wie Sie sehen, ähnelt ein Liposom einer Hohlkugel. Es besitzt einen Innenraum, der aus Wasser besteht und durch eine Art Rand eingegrenzt ist. Dieser Rand besteht aus zwei Lagen von Fettsäuren und zwar so dass jeweils die Kohlenstoffketten nach innen stehen und die Carbonsäurereste nach außen:

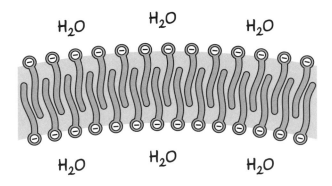

Man spricht auch von einer sogenannten Lipiddoppelschicht. Lipide kommen von griechisch Lipos=Fett. Man könnte auch von einer „Fettdoppelschicht" sprechen, aber Lipiddoppelschicht hat sich als Bezeichnung durchgesetzt.

Warum ist diese Anordnung nun so wichtig? Weil genau eine solche Struktur auch bei Zellen vorkommt und zwar auch bei den Zellen, die in Ihrem und meinem Körper vorhanden sind. Die Lipiddoppelschicht hat nämlich die angenehme Eigenschaft, dass wasserlösliche Stoffe, die im Innenraum vorhanden sind, nicht nach außen dringen können. Dazu müssten sie nämlich durch die Doppelschicht hindurch – und das geht nicht, weil sie in der Fettschicht nicht löslich sind. Sie sind somit in der Zelle gefangen und dies ermöglicht erst, dass eine Zelle überhaupt existieren kann.

In den Zellen in Ihrem Körper sind allerdings diese Lipiddoppelschichten noch deutlich aufwändiger aufgebaut. Zum Beispiel enthalten fast alle einen Stoff, den ich Ihnen schon vorgestellt habe, das Chlolesterin. Das Cholesterin erfüllt dabei wichtige Aufgaben, unter anderem sorgt es für eine erhöhte Stabilität der Lipiddoppelschicht. In Ihrem Körper haben Sie ca. 140g davon!

Die Sache mit der Lipiddoppelschicht wird allerdings dann komplizierter, wenn man sich eine Zelle in Ihrem Körper noch genauer anschaut. Alle Zellen brauchen nämlich, um existieren zu können, Mineralien wie z.B. Natriumionen oder Kaliumionen. Wie kommen diese nun in die Zelle hinein? Natrium und Kalium sind geladene Ionen, d.h. die Löslichkeit dieser Stoffe in Fett und somit die Möglichkeit, eine Lipiddoppelschicht zu durchqueren ist gleich Null. Somit sind wir genau am Problem vom Anfang angelangt!

Noch komplizierter wird es, wenn man bedenkt, dass Natriumionen und Kaliumionen ganz unterschiedliche Rollen in Ihrem Körper spielen. Auch die Konzentration von Natrium und Kalium in unterschiedlichen Bereichen Ihres Körpers muss von diesem genau kontrolliert werden. Wenn Sie im Krankenhaus eine Infusion bekommen, sollte diese auf der Basis von 0,9% Kochsalz-, also Natriumchloridlösung (sog. isotonische Lösung) aufgebaut sein. Würde man Ihnen stattdessen Kaliumchloridlösung verpassen, sind Sie nach der Infusion mit hoher Wahrscheinlichkeit leider tot.

Sie sehen also, die Frage, wie man „Salz ins Öl" bekommt ist durchaus nicht uninteressant. Somit war es etwa um die 1970er Jahre herum eine ziemliche wissenschaftliche Sensation, als man feststellte, dass Verbindungen wie die folgende in der Lage sind, Natriumionen quasi einzusperren:

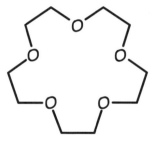

Verbindungen wie diese hat man Kronenether getauft. Ether sind dabei bestimmte chemische Einheiten, die ich jetzt nicht weiter erläutern will. „Kronen"-ether heißen sie aber, weil sie, wenn man die Struktur von der Seite ansieht, ein wenig aussehen wie eine Krone:

Wie gesagt, binden diese Verbindungen Natrium. Dabei befindet sich das Natrium im Innern der Krone. Da die Sauerstoffe im Kronenether freie Elektronenpaare haben, können sich hier mehrere Wasserstoffbrückenbindungen bilden, wie in der folgenden Darstellung zu sehen:

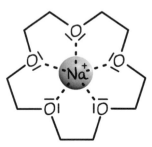

Was kann man nun mit diesen Verbindungen und dem darin gebundenen Natrium anstellen? Ganz einfach, in „Öl" lösen! Die Kronenether sind nämlich in unpolaren Verbindungen sehr gut löslich. An der gerade gezeigten Darstellung sieht man, zusammen mit dem Bild davor, gleich den Trick der Sache: Im Innern des Kronenethers herrschen polare Verhältnisse. Das Natrium fühlt sich hier „gut aufgehoben". Nach außen hin sieht man jedoch nur die Kohlenstoff-Wasserstoff-Bindungen. Diese harmonieren besonders gut mit unpolaren Flüssigkeiten und sorgen für die Löslichkeit.

Somit liegt hier der umgekehrte Fall vor wie bei einer Mizelle. Das Natrium kann in den Kronenether „eintreten", der sich dann im unpolaren Lösemittel löst. Der Kronenether ist dann somit eine Art molekularer Fahrstuhl für das Natrium.

Interessanterweise nimmt (nur) der oben dargestellte Kronenether mit zehn Kohlenstoffen Natrium mit. Macht man den Kronenether etwas größer, d.h. mit zwölf Kohlenstoffen, also so:

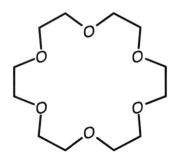

dann bindet er Natrium nicht mehr. Warum? Weil das Natrium zu klein ist, dass sich Wasserstoffbrückenbindungen bilden können. Dafür bindet diese Verbindung den schon vorgestellten „großen Bruder" des Natriums, nämlich das Kalium. Somit sind Kronenether in der Lage, Natrium und Kalium zu unterscheiden! Diese und noch andere spektakuläre Ergebnisse waren für das Nobelkomitee Grund genug, 1987 den Nobelpreis in Chemie an drei Forscher zu vergeben, die zusammen mit ihren Doktoranden und Mitarbeitern maßgeblich die Kronenether und ähnliche Verbindungen untersucht haben.

Wie aber werden nun in Ihrem Körper Natrium und Kalium in eine Zelle transportiert und die beiden voneinander unterschieden? Dies ist eine Frage, die gar nicht so leicht zu beantworten ist. Man hat festgestellt, dass der Körper dafür unter anderem sogenannte Ionenkanäle nutzt, in denen Natrium und Kalium ebenfalls nach ihrer Größe unterschieden werden, ganz ähnlich, wie dies auch bei den Kronenethern geschieht. Kaliumkanäle transportieren nur Kalium, Natriumkanäle nur Natrium. Die Ionenkanäle sind in der Lipiddoppelschicht mehr oder minder eingebaut und funktionieren wie eine Art Tunnel zwischen Innenraum der Zelle und der Umgebung. Man hat festgestellt, dass zwischen der Struktur gewisser Kaliumkanäle und der Struktur der Kronenether durchaus Gemeinsamkeiten bestehen, auch wenn erstere natürlich viel komplizierter aufgebaut sind. Für die Aufklärung der Struktur von bestimmten Ionenkanälen gab es übrigens ebenfalls einen Nobelpreis, im Jahr 2003.

Zum Abschluss dieses Kapitels möchte ich Ihnen ein Molekül vorstellen, welches man in Bakterien gefunden hat, das sogenannte Valinomycin:

Wie Sie sehen, hat Valinomycin dadurch, dass es ebenfalls ringförmig ist, mit jeder Menge Sauerstoffen nach innen, eine gewisse Ähnlichkeit mit den Kronenethern. Genau wie der zuletzt gezeigte Kronenether bindet es Kalium sehr gut, anders als Natrium, welches fast gar nicht gebunden wird. Wofür wird nun Valinomycin benutzt? Genau dafür, Kalium in Zellen zu transportieren, und zwar in feindliche Zellen. Valinomycin ist ein sogenanntes Antibiotikum und wird in der Natur von bestimmten Bakterien verwendet, um sich gegen andere Bakterien zur Wehr zu setzen. Valinomycin ist nämlich in der Lage, zum einen Kalium „einzulagern", zum anderen kann es die Lipiddoppelschicht von Bakterienzellen durchdringen. Was passiert ist, dass Valinomycin einfach ungebremst Kalium in das Innere von feindlichen Bakterien bringt und dadurch die Vorgänge in diesen Bakterien derart stört, dass sie sterben! Nichts anderes bedeutet Antibiotikum übersetzt: Gegen das Leben. Genau aus diesem Grund sind übrigens auch Kronenether ziemlich giftig.

7 Erkenne Dein Gegenüber

Ich möchte noch kurz einen Schritt zurückgehen und genauer auf die Struktur der Carbonsäuren eingehen, die wir im letzten Kapitel kennengelernt haben. Dies möchte ich am Beispiel der Essigsäure tun. Essigsäure kennen Sie alle. Essigsäure ist im Essig enthalten und die Substanz, die dafür sorgt, dass Essig so sauer schmeckt. Chemisch sieht Essigsäure folgendermaßen aus:

Sie ist also eine recht einfache Substanz. Aufgrund der kurzen Kohlenstoffkette löst sie sich anders als die Fettsäuren auch in Wasser. Die genaue räumliche Struktur von Essigsäure ist die folgende:

Essigsäure ist strukturell zweigeteilt. Der linke Teil, bestehend aus einem Kohlenstoffatom, an dem drei Wasserstoffe angebunden sind, ist wieder tetraedrisch aufgebaut, wie wir es schon kennen gelernt haben.

Der rechte Teil besitzt dagegen eine andere Struktur. Es gibt hier eine Doppelbindung zwischen Sauerstoff und Kohlenstoff. Dies ist eigentlich nichts Ungewöhnliches, wir haben dies beim CO_2 in Kapitel 1 schon kennengelernt. Allerdings sorgt diese Doppelbindung dafür, dass jetzt die anderen Bindungen mehr Platz haben. Somit dehnt sich die ganze Struktur etwas und wird dadurch auch noch flach. Dies liegt vor allem daran, dass bei einem Zentrum und drei Bindungen eine solche Anordnung diejenige ist, bei der alle Bindungen am weitesten voneinander entfernt sind. Die Doppelbindung sowie die beiden anderen Bindungen am Kohlenstoff liegen in einer Ebene. Es stellt sich ein Winkel von (ungefähr) 120 °C ein, was man auch erwarten würde:

$$\text{H-C(H)(H) — C(=O) — O — H} \quad 120°$$

tetraedrisch | flach

Wenn man nun Essigsäure untersucht, so stellt man fest, dass Essigsäure auch Wasserstoffbrücken bildet und zwar mit sich selbst. Dies sieht dann so aus:

Die beiden flachen Enden passen somit sehr gut zusammen, wie man sieht. Was aber hier an dieser Struktur wichtig ist, ist dass die beiden Essigsäuremoleküle nicht einfach wahllos zusammengewürfelt sind, sondern gezielt. Durch die Wasserstoffbrückenbindung überträgt das eine Essigsäuremolekül auf das andere eine *Richtungsinformation*. Diese Richtungsinformation ist hier konkret die Ausrichtung in eine Linie – und zwar jeweils mit dem zweiten Kohlenstoffatom nach außen.

Das ist ja (noch) nicht sehr viel, möchte man meinen. Stimmt auch. Mehr Festlegung der Richtung ist in der Essigsäure schon deshalb schwierig, weil das Molekül relativ klein ist. Außerdem muss man wissen, dass im Kohlenstoff eine Einfachbindung, ähnlich wie bei einer Achse, frei drehbar ist. Somit ist diese Struktur

nicht wirklich von der folgenden zu unterscheiden:

Hier wurde das Molekül anhand der Bindung zwischen den Kohlenstoffen einfach „herumgedreht" wie ein Rad an einer Achse.

Besser sieht es da schon bei dem folgenden, deutlich komplexeren Molekül aus:

Dieses Molekül ist zwar etwas größer aber für unsere Zwecke gar nicht so schwer zu verstehen. Es besteht aus vier Teilen:

Teil A ist einfach ein Kohlenstoff mit drei Wasserstoffen, wie bei der Essigsäure. Dieser Teil spielt keine Rolle. Teil B habe ich Ihnen schon einmal – so ähnlich – in Kapitel 5 gezeigt. Er ähnelt einem Benzolring, nur dass eines der Kohlenstoffatome durch ein Stickstoffatom ersetzt wurde. Diese Struktur heißt Pyridin und ist ebenfalls sehr stabil. Wichtig ist zum einen, dass der Stickstoff hier über ein freies Elektronenpaar verfügt, welches Wasserstoffbrückenbindungen ausbilden kann, und zum anderen, dass dieser Pyridinring genau wie der Benzolring flach ist.

Teil C ist ein Stickstoff, der an Teil D angebunden ist. Teil D ist wieder eine Carbonsäureeinheit, ähnlich wie bei den Fetten, deren Struktur ich im vorigen Kapitel vorgestellt habe. Beim Fett war jedoch dieser Teil an einen Sauerstoff angebunden, wie durch die Pfeile in der folgenden Grafik verdeutlicht wird:

[Strukturformel eines Triglycerids mit drei Esterbindungen und Pfeilen, die auf die Carbonyl-Sauerstoffe zeigen]

Hier ist es nun ein Stickstoff. Das Ganze (d.h. Teil C + D) nennt man auch ein Amid. Für unsere Zwecke ist jedoch allein wichtig, dass der Stickstoff noch eine Bindung zu einem Wasserstoff besitzt, d.h. Teil D als solches ist nicht besonders relevant.

Was macht nun dieses Molekül? Es geht ebenfalls zwei Wasserstoffbrückenbindungen mit sich selbst ein:

[Strukturformel zweier Pyridin-Amid-Moleküle, die über zwei Wasserstoffbrückenbindungen miteinander verbunden sind]

Man sieht sofort, dass diesmal die übertragene Richtungsinformation nun schon deutlich größer ist. Das zweite Molekül kann sich nämlich nur dann an das erste anlagern, wenn es sich umdreht. Somit gibt das erste Molekül dem zweiten die Richtung vor, in der es sich anzulagern hat.

Systeme wie diese haben zu einer ganzen Forschungsrichtung geführt, die man molekulare Erkennung nennt. Erkennung deshalb, weil die einzelnen Moleküle sich gegenseitig erkennen – und dann, wenn man es richtig anstellt, so zueinander anlagern, wie man es möchte. Dies kann man dann ausnutzen, um richtiggehende molekulare Architektur zu betreiben.

Wozu molekulare Erkennung noch gut ist und was man damit machen kann und warum sogar Ihre und meine Existenz wesentlich von der Tatsache abhängt, dass es so etwas wie molekulare Erkennung gibt, werde ich im nächsten Kapitel genauer erläutern. Zuvor möchte ich Ihnen aber noch ein weiteres, etwas komplexeres Molekül zeigen, bei dem ebenfalls eine solche molekulare Erkennung vorliegt. Dieses wurde von Prof. E.W. „Bert" Meijer von der TU Eindhoven 1998 vorgestellt und sieht so aus:

Eine Bindung fürs Leben

Wieder steht „R" für eine Kohlenstoffkette, die aber nicht weiter wichtig ist. Dieses Molekül macht nun folgendermaßen gleich vier Wasserstoffbrückenbindungen mit sich selbst:

Diese Anzahl an Wasserstoffbrücken in einer Verbindung war bei einem „synthetisch" hergestellten Molekül für die damalige Zeit Weltrekord und so erregte dieses Molekül auch jede Menge Aufsehen. Allerdings ist hier noch ein kleiner Trick dabei, der noch erklärt werden muss. Das Molekül ist, genau wie die Essigsäure, an vielen Stellen drehbar – auch an der die in folgender Grafik gezeigt ist:

Dreht man das Molekül an dieser Stelle, ergibt sich folgende Struktur:

Man sieht sofort, dass das jetzt mit den Wasserstoffbrückenbindungen etwas schwierig wird. Aber warum dreht sich das Molekül denn nicht um diese Achse? Weil es zusätzlich zu den vier Wasserstoffbrückenbindungen zu einem zweiten Molekül noch eine fünfte gibt, die innerhalb des Moleküls verläuft:

Diese zusätzliche Wasserstoffbrückenbindung hält das Molekül in seiner Position fest!

8 Jerry Donohue und die DNA

An dieser Stelle möchte ich zu einem Molekül kommen, welches zeigt, wie essentiell Wasserstoffbrückenbindungen in der Natur sind. Es handelt sich um die DNA bzw. DNS. DNS steht für Desoxyribonucleinsäure. Inzwischen wird aber auch in Deutschland – selbst von Max Raabe! – fast immer die englische Abkürzung DNA benutzt, die dasselbe bedeutet, nur mit „acid" für Säure, so dass ich es in diesem Buch genauso halten werde. Erwarten Sie nicht von mir, dass ich Ihnen erkläre, was Desoxyribonucleinsäure bedeutet. Es ist aber für das Verständnis der DNA auch nicht so wichtig, so dass ich nicht weiter darauf eingehen werde. DNA ist in der Biologie das Molekül, in dem das Erbgut gespeichert ist, d.h. das zentrale Molekül, ohne das „nichts geht". Die Struktur von DNA ist die folgende:

Dies ist aber nur ein kleiner Ausschnitt. Aus der Natur isolierbare DNA-Moleküle sind viel, viel größer. Immerhin ist ja z.B. das Erbgut eines ganzen Menschen auf der DNA enthalten. Wenn Sie nun meinen, dass DNA ganz schön kompliziert aussieht, dann will ich Ihnen durchaus Recht geben – aber ich will auch versuchen, die Sache etwas zu vereinfachen. Die DNA teilt man üblicherweise auf in das sogenannte Rückgrat und die sogenannten Basen. Das Rückgrat ist die Grundstruktur, an der die Basen aufgereiht sind und für dieses Kapitel weniger wichtig. Die Basen sind in der DNA das Entscheidende. Ähnlich wie bei einem Computer die Information durch aufeinanderfolgende Nullen und Einsen gespeichert wird, wird bei der DNA die Information durch aufeinanderfolgende Basen gespeichert. Nur dass es nicht nur Null und Eins gibt, sondern vier verschiedene Basen, das Adenin (A), das Thymin (T), das Cytosin (C) und das Guanin (G). Rückgrat und Basen sind wie folgt aufgeteilt:

Meist lässt man somit in der Praxis das Rückgrat, was sich sowieso immer identisch wiederholt, gedanklich einfach „fallen" und zählt einfach nur die Basen auf (z.B. CCA – das wäre das obere Molekül). FAZ-Leser unter Ihnen werden sich vielleicht erinnern, dass einmal, am 27. Juni 2000, eine ganze Seite nur aus derartiger DNA-Aufzählung bestand. Bezeichnet man das Rückgrat einfach als „R", so verkürzt sich die DNA je nach Base wie folgt:

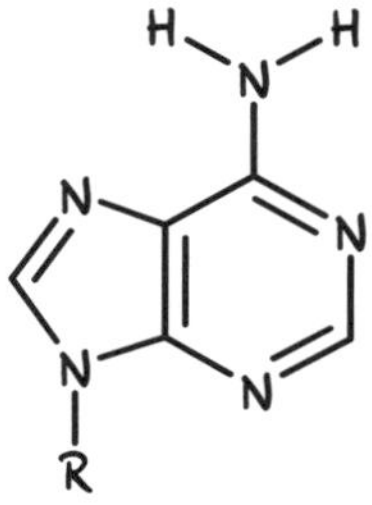

Eine Bindung fürs Leben

Adenin

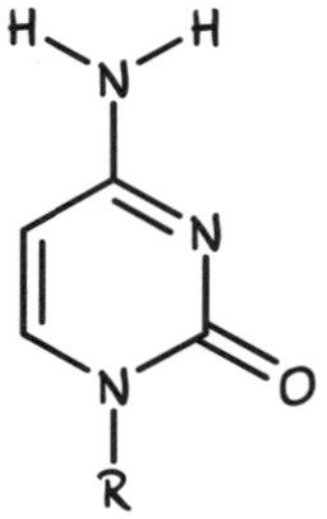

Cytosin

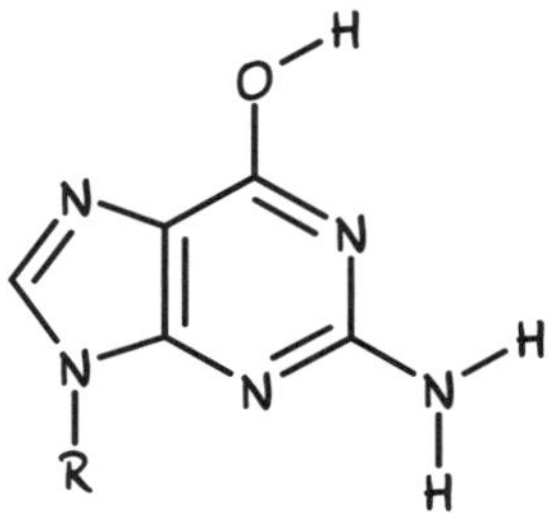

Guanin

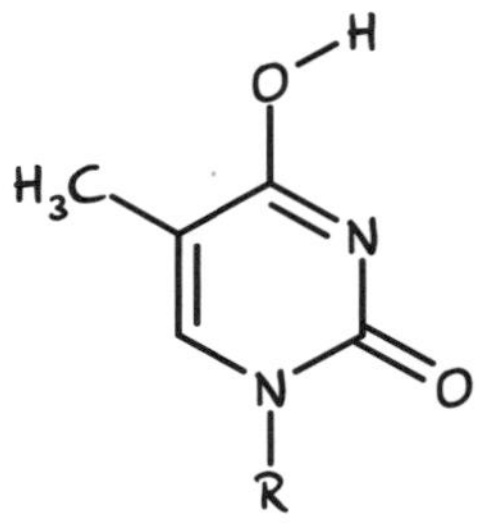

Thymin

Das sieht doch schon etwas übersichtlicher aus und deshalb will ich auch dabei bleiben. Allerdings möchte ich auf die chemische Struktur dieser vier Basen noch etwas eingehen. Warum man diese Stoffe Basen nennt, liegt daran, dass sie isoliert in Wasser basisch reagieren, ähnlich wie Natronlauge. Das ist aber für die Rolle der Basen in der DNA eigentlich ziemlich egal. DNA als solche ist (wie der Name schon sagt) sogar sauer, also genau das Gegenteil. Trotzdem hat sich diese Bezeichnung in der Wissenschaft einfach durchgesetzt, so dass ich auch dabei bleiben will.

Wenn man sich (z.B.) das Adenin anschaut, so sieht man, dass ähnlich wie im Benzol aus Kapitel 5 bzw. dem Pyridin aus Kapitel 7 sich auch hier Einfach- und Doppelbindungen abwechseln. In der folgenden Grafik sind die Doppelbindungen markiert:

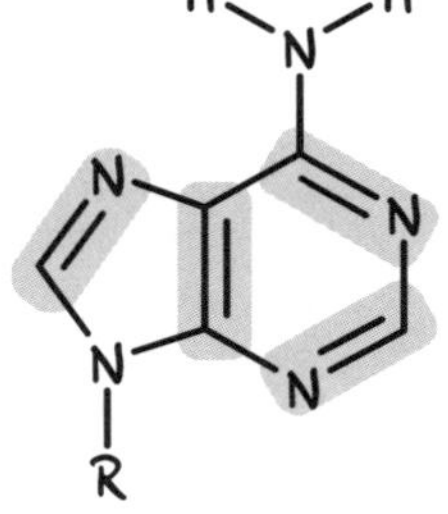

Genau wie beim Benzol und beim Pyridin wird dadurch dieses Molekül erheblich stabilisiert. Zum anderen wird es im Wesentlichen flach. Dass dabei nicht alle Bindungen zwischen zwei Kohlenstoffen verlaufen, sondern etliche auch zwischen Kohlenstoff und Stickstoff, macht nicht viel aus. Ähnliches gilt im Übrigen auch für die anderen drei Basen.

Ich möchte Sie nun gedanklich in das Jahr 1953 versetzen und zwar in das Labor in Cambridge, in dem James Watson und Francis Crick versuchten, die Struktur der DNA aufzuklären, die sogenannte „Doppel-Helix" – aber damals wussten die beiden natürlich noch nicht, dass tatsächlich die Doppel-Helix-Struktur die richtige ist. Dass die Geschichte der Strukturentdeckung der DNA so bekannt geworden ist, ist, neben der Tatsache, dass die DNA so unglaublich wichtig für die Biologie ist, meiner Meinung nach die Ähnlichkeit mit einem gut gemachten Film.[4] Alle wichtigen Rollen in einem Filmklassiker sind, glaubt man der landläufigen Meinung, besetzt, als da wären:

- Die beiden jugendlichen Helden, die mit wenig Geld aber großem Enthusiasmus sich der Aufgabe stellen: James Watson und Francis Crick. Als sie die richtige Struktur veröffentlichten, war James Watson gerade 25 Jahre! Zumindest hat James Watson sich und Crick in seinem 1968 veröffentlichten Buch „Die Doppelhelix" so dargestellt, was allerdings ein nicht geringes Maß an Kritik hervorrief.
- Der scheinbar übermächtige und überlegene Kontrahent: Linus Pauling, damals der anerkannt größte Chemiker seiner Zeit, der über ein riesiges Labor in den USA verfügte.
- Die tragische Heldin: Rosalind Franklin, die die entscheidenden Röntgenaufnahmen von DNA machte und somit die Aufklärung erst ermöglichte, aber starb, bevor sie den Nobelpreis erhalten konnte.
- Der „Unterstützer" der beiden Helden: Maurice Wilkins, der Watson und Crick – allerdings wohl eher zufällig – diese besagten Röntgenaufnahmen zur Verfügung stellte, Linus Pauling aber nicht.

Wie bei einem klassischen Thriller scheint auch für die beiden Helden das Rennen schon verloren, als Anfang 1953 Linus Pauling einen Vorschlag für die Struktur der DNA veröffentlicht. Aber nach Lektüre dieser Veröffentlichung stellen sie fest, dass die vorgeschlagene Struktur nicht richtig sein kann. Dies wird allgemein damit erklärt wird, dass Linus Pauling die DNA-Röntgenaufnahmen von Rosalind Franklin nicht gesehen hatte. Trotzdem scheint es wie verhext. Sie wähnen sich auf der richtigen Spur, aber irgendwie passt alles nicht zusammen.

Sie können sich ja einmal als Watson & Crick versuchen. Die Aufgabe ist: Wie sind die Basen in der DNA angeordnet? Folgende Informationen sollen Ihnen dabei helfen:

- In der Struktur der DNA sind es immer mindestens zwei Moleküle DNA, man spricht auch von Strängen, die die Struktur bilden. Im Strukturvorschlag von Linus Pauling waren drei Stränge vorgesehen. Watson & Crick meinten allerdings, dass es nur zwei sind.
- Aus Forschungen von Erwin Chargaff war bekannt, dass in DNA-Proben der Anteil von Adenin und Thymin einerseits bzw. Cytosin und Guanin andererseits nahezu gleich ist. Daraus schlossen Watson & Crick, dass Adenin und Thymin bzw. Cytosin und Guanin irgendwie zusammenhängen müssen.

---

[4] Anm: Damit meine ich Filme als solche – nicht den tatsächlich existierenden Fernsehfilm aus dem Jahr 1986 zum Thema

Eine Bindung fürs Leben

- Aus den Röntgenaufnahmen von Rosalind Franklin und eigenen Untersuchungen[5] gingen Watson & Crick davon aus, dass die Basen der DNA „innen" sind, d.h. sich jeweils gegenüberstehen. Daraus leiteten sie ab, dass es Wasserstoffbrückenbindungen zwischen Adenin und Thymin bzw. Cytosin und Guanin geben muss. Dabei kommt das Adenin von einem DNA-Strang, das Thymin von dem anderen, bei Cytosin und Guanin muss es genauso sein.

Wie genau sehen diese Wasserstoffbrückenbindungen nun aus? Das ist jetzt Ihre Aufgabe. Adenin und Thymin einerseits bzw. Guanin und Cytosin andererseits sollten natürlich so angeordnet sein, dass das Rückgrat, also das „R", immer an derselben Stelle ist, d.h. dass die R's des Adenin-Thymin-Paars in dieselbe Richtung zeigen wie die des Guanin-Cytosin-Paars. Außerdem sollte das Erkennungsmuster für Adenin/Thymin ein anderes sein als für Guanin/Cytosin. Nachfolgend sind die Moleküle nochmals gezeichnet, wobei alle H-Atome, die verwendet werden können, markiert und alle verwendbaren freien Elektronenpaare mit Pfeilen versehen sind. Eine Wasserstoffbrückenbindung bildet sich immer zwischen einem Elektronenpaar und einem H-Atom. Natürlich können Sie die einzelnen Moleküle herumdrehen und auch spiegeln.

Adenin

Cytosin

Thymin

Guanin

---

[5] Anm.: Diese bestanden zum großen Teil aus Basteln mit Pappe und Draht. Ein von den beiden gebautes Modell befindet sich z.B. im Science Museum in London

Haben Sie es versucht? Ernsthaft? Und haben Sie eine Struktur hinbekommen? Wenn das stimmt: Herzlichen Glückwunsch! Sie sind ein noch größeres Naturwissenschafts-Genie als Watson und Crick zusammen!

Die ehrliche Antwort ist nämlich: Es passt nicht. Es gibt keine Lösung. Und das war lange Zeit das Problem von Watson und Crick.

Bis zu dem Zeitpunkt, an dem Jerry Donohue in die Geschichte eingreift. Wie in jedem Film gibt es nämlich auch hier die Rolle des „besten Nebendarstellers". Jedes Jahr wird sogar ein Oscar für den besten Nebendarsteller vergeben. Im Original ist das allerdings nicht der beste Nebendarsteller sondern der „Best Supporting Actor". Das trifft es noch genauer, „support" bedeutet nämlich „unterstützen". Und das tat Jerry Donohue. Wir wissen auch genau wann, am 27. Februar 1953.

An diesem Tag gab es nämlich eine Unterhaltung zwischen Watson und Donohue.[6] Donohue war genau wie Watson als amerikanischer Gastwissenschaftler nach Cambridge gekommen und arbeitete im selben Labor. Watson experimentierte herum und versuchte erfolglos, die DNA-Struktur zusammenzubekommen. Donohue gab ihm nun an diesem besagten 27. Februar 1953 den entscheidenden Tipp. Watson war bei der chemischen Struktur der Basen von Strukturen ausgegangen, die in einem Buch von einem Autor namens James N. Davidson 1950 veröffentlicht worden waren und genau so sind auch die Basen in diesem Kapitel bisher gezeichnet. Donohue informierte ihn jetzt, dass diese Strukturen gar nicht unbedingt stimmen mussten, sondern im Gegenteil, höchstwahrscheinlich sogar falsch seien. Neuere Forschungen hatten ergeben, dass die Struktur von zwei der vier Basen, nämlich Guanin und Thymin, anders sein dürften als bei Davidson, nämlich so:

Guanin-Struktur lt. Davidson   **alternative Struktur**

---

[6] Anmerkung: Die Quellen, die ich hierzu gelesen habe, widersprechen sich etwas. Mal ist es Watson, der mit Donohue spricht, mal Crick, mal sogar beide. Auch der genaue Inhalt des Gesprächs ist je nach Quelle etwas abweichend. Darauf kommt es aber meiner Meinung nach nicht so genau an. Unbestritten ist, dass ohne Donohues Hilfe wahrscheinlich Pauling die Struktur zuerst entdeckt hätte.

Eine Bindung fürs Leben

Thymin-Struktur lt. Davidson   **alternative Struktur**

Versuchen Sie es doch jetzt doch noch einmal! Watson und Crick jedenfalls brauchten nur noch einen weiteren Tag, bis sie am 28. Februar 1953 ein erstes Versuchsmodell ihrer Doppelhelix-Struktur erstellt hatten. Im Folgenden sind somit die richtigen Strukturen wie die verwendbaren Wasserstoffatome und Elektronenpaare noch einmal dargestellt:

Adenin   **Cytosin**

Thymin   **Guanin**

Und? Haben Sie nun eine Anordnung gefunden? Wenn ja, dann sollte diese dann ungefähr so aussehen, denn so sind die Wasserstoffbrücken in der DNA angeordnet:

Warum die Struktur von Guanin und Thymin übrigens anders ist als die ursprünglich vorgeschlagene, ist gar nicht so einfach zu erklären. Jedenfalls war es durchaus sinnvoll, davon auszugehen, dass Guanin und Thymin aussehen wie bei James Davidson. Deshalb wären Watson und Crick ohne Jerry Donohues Tipp wahrscheinlich zu spät oder vielleicht sogar niemals auf die Idee gekommen, diese Strukturen könnten falsch sein.

Etwa einen Monat später, am 2. April 1953 reichten die beiden dann ihr berühmt gewordenes Manuskript bei „Nature", einer wissenschaftlichen Zeitschrift ein. Dieses wurde am 25. April 1953 publiziert und gilt als eine der wichtigsten wissenschaftlichen Veröffentlichungen des letzten Jahrhunderts. In dieser Veröffentlichung bedankten sie sich bei Jerry Donohue für „konstanten Rat und Kritik"... aber das ist nicht die berühmteste Passage aus diesem Artikel, denn die lautet: *„It has not escaped our notice that the specific pairing we have postulated immediately suggests a possible copying mechanism for the genetic material"* – sinngemäß etwa :„Es ist unserer Aufmerksamkeit nicht entgangen, dass die spezielle Paarung [d.h. Adenin / Thymin einerseits, Cytosin/Guanin andererseits], die wir postuliert haben, unmittelbar einen möglichen Kopiermechanismus für das genetische Material nahelegt". Und das stimmt auch, wie wir heute wissen. Die Wasserstoffbrückenbindungen und die daraus resultierende molekulare Erkennung zwischen den Basen sorgen dafür, dass immer, wo in einem DNA-Strang z.B. ein Adenin vorhanden ist, bei einer Vervielfältigung dann bei einem zweiten, neu entstehenden DNA-Strang ein Thymin eingebaut wird – und umgekehrt – bzw. wenn ein Cytosin vorhanden ist, dann ein Guanin eingebaut wird – und umgekehrt.

Bei einer DNA-„Verdoppelung" entsteht somit etwas, was man einen komplementären Strang nennt. Das ist nichts anderes als bei der „analogen" Fotographie, d.h. die Fotographie mit Fixierer und Entwickler – ältere Jahrgänge unter den Lesern werden sich vielleicht erinnern, dass es mal so etwas gab – das Negativ. Bei einem Negativ sind alle schwarzen Stellen eigentlich hell und umgekehrt. Genauso ist bei einem komplementären Strang ein Thymin ursprünglich ein Adenin gewesen, ein Cytosin war ein Guanin und so weiter. Wenn dieser neue DNA-Strang dann erneut kopiert wird, entsteht der ursprüngliche wieder neu, genau wie bei der „analogen" Fotographie aus dem Negativ durch die Belichtung auf dem Fotopapier das Bild entsteht.

Dies alles nur aufgrund der Wasserstoffbrückenbindung – wirklich „eine Bindung fürs Leben"! Und weil dies so wichtig ist, will ich es noch etwas genauer erklären. So sehen die Wasserstoffbrückenbindungen in der DNA aus:

Alles passt genau. Wichtig dabei ist aber nicht nur, dass es für Adenin/Thymin bzw. Guanin/Cytosin passt – sondern für z.B. Adenin/Cytosin und Guanin /Thymin nicht. Das ergäbe dann nämlich folgende Struktur:

Man sieht sofort, dass zwischen Adenin und Cytosin bzw. Thymin und Guanin eben keine Wasserstoffbrückenbindung möglich ist, weil sich bei beiden möglichen Paaren Wasserstoffatome direkt gegenüberstehen würden. Ein Paar Adenin / Guanin geht ebenfalls nicht – schon deshalb, weil die Struktur dafür zu wenig Platz hergibt. Bei Cytosin / Thymin ist es andersherum, da sind die Abstände zu groß. Aber die Wasserstoffbrückenbindungen würden auch nicht passen, Sie können es ja mal ausprobieren.

Somit kann auf ein Adenin nur ein Thymin passen und auf ein Guanin ein Cytosin, d.h. der Kopiermechanismus ist eindeutig. Naja, so eindeutig auch wieder nicht, denn im Körper gibt es das schon einmal, dass versehentlich die falsche Base eingebaut wird. Man schätzt, etwa zu 0,1%, das hängt aber von verschiedenen Faktoren ab. Der DNA-Kopiermechanismus in Ihrem Körper muss aber noch sehr viel genauer sein, denn ansonsten besteht immer die Gefahr, dass unerwartete und ungewünschte Dinge passieren – z.B. dass Sie Krebs bekommen. Somit gibt es einen regelrechte „Korrekturlese-Maschinerie", die dafür sorgt, dass die Fehlerrate nochmals stark reduziert wird. Zu gut darf die Genauigkeit übrigens auch nicht sein, denn sonst gibt es keine Evolution und wir würden alle noch als Bakterien auf der Erde herumschwimmen.

Watson, Crick und Wilkins erhielten im Jahr 1962 den Nobelpreis für Medizin. Im selben Jahr bekam übrigens Linus Pauling ebenfalls einen Nobelpreis, allerdings den für Frieden. Er hatte sich für die Beendigung von Atomtests eingesetzt, interessanterweise erhielt er ihn 1963 rückwirkend für 1962. Einen wissenschaftlichen Nobelpreis, den für Chemie, hatte er bereits 1954 erhalten. Jerry Donohue allerdings ging wieder zurück nach Amerika und wurde dort ein sehr anerkannter Professor, ohne sich ein einziges Mal wieder mit der DNA zu beschäftigen.

Ich möchte noch auf etwas anderes eingehen. Man hat festgestellt, dass bei der DNA die Wasserstoffbrückenbindungen, wie Watson und Crick sie beschreiben, nicht die einzigen sind, die man in der Natur finden kann. Es gibt z.B. noch eine andere Anordnung unter Ausbildung sogenannter Hoogsteen-Bindungen, benannt nach Karst Hoogsteen, einem holländischen Biochemiker. Allerdings funktioniert diese nur mit einer einzigen dieser vier Basen, dem Guanin. Es bildet, wenn die Bedingungen hierfür günstig sind, eine Struktur, die folgendermaßen aussieht:

Obwohl diese Struktur schon fast wie ein Kunstwerk anmutet, hat man festgestellt, dass sie durchaus häufig ist[7] und das Vorhandensein derartiger Strukturen, man spricht von sogenannten G-Quadruplexen oder G-Tetraden, bei bestimmten Genen wichtige Steuerungsfunktionen hat. Aus diesem Grund werden diese intensiv untersucht.

---

[7] Anm: So gut wie immer befindet sich in der Mitte noch ein Kalium, ähnlich wie bei einigen Kronenethern aus Kapitel 6. Man hat herausgefunden, dass dies die Struktur noch weiter stabilisiert. Aus Gründen der Übersichtlichkeit wurde aber in der Grafik das Kalium weggelassen.

9 Wie man Wasserstoffbrückenbindungen sehen kann

Bisher habe ich die Wasserstoffbrückenbindungen, die ich Ihnen vorgestellt habe, einfach „vom Himmel fallen lassen", d.h. ich habe Ihnen einfach berichtet, dass sie existieren und wo sie verlaufen. Aber so eine Herangehensweise ist natürlich in der Wissenschaft keine Option. Dort kann man nicht einfach behaupten, zwischen Molekül A und B gäbe es Wasserstoffbrückenbindungen. Man muss es auch zeigen. Und wie man das machen kann, möchte ich Ihnen jetzt vorstellen.

Es gibt mehrere Möglichkeiten, Wasserstoffbrückenbindungen nachzuweisen, eine kennen Sie schon, die Röntgenanalyse, die von Rosalind Franklin zur Analyse der DNA benutzt wurde. Allerdings ist diese Methode vergleichsweise aufwendig. Eine einfacher durchzuführende Methode ist die Wasserstoff-Kernspinresonanzspektroskopie, abgekürzt: ^{1}H-NMR. Wie das im Einzelnen funktioniert ist relativ kompliziert zu erklären und ich will es auch gar nicht erst versuchen. Diese Messmethode ist aber eine der am häufigsten angewandten Methoden in der organischen Chemie zur strukturellen Untersuchung von Substanzen. Sie liefert für jedes Wasserstoffatom in einer Verbindung (mindestens) ein Signal und zwar abhängig davon, in welcher „chemischen Umgebung" sich dieses Atom befindet. Das Signal ist auch abhängig von der Zahl der Wasserstoffatome, d.h. zwei Wasserstoffatome geben ein doppelt so starkes Signal wie eines. Man kann also direkt aus dem Signal ableiten, wie viele Wasserstoffatome vorhanden sind. Mit der ^{1}H-NMR kann man, wenn man die Messung richtig durchführt und danach die Signale korrekt ausliest, feststellen, welche Struktur ein Molekül besitzt.

Dies alles gilt auch z.B. für das folgende Molekül, welches ich als „A" bezeichnen möchte:

9 Wie man Wasserstoffbrückenbindungen sehen kann

Das wichtige Wasserstoffatom, um das es im Folgenden vor allem gehen soll, ist markiert. Dieses Molekül A bildet zwei Wasserstoffbrückenbindungen mit einem zweiten Molekül B, welches folgendermaßen aussieht:[8]

Und zwar so:

Hoffentlich ist es nun für Sie einfach zu verstehen, dass sich durch die Wasserstoffbrückenbindung die „chemische Umgebung" des markierten Wasserstoffatoms verändert. Dieses nun gebundene Wasserstoffatom gibt somit ein unterschiedliches Signal, wenn man eine Messung durchführt. Wenn man somit nur das obere Molekül A misst, würde man also ein anderes Signal erwarten, als wenn man eine Mischung der beiden Moleküle A und B untersucht.

Bei einer Messung geht man nun genauso vor. Man misst zunächst allein das obere Molekül A, meist in einer Menge von einigen Milligramm. Dann untersucht man mehrere Mischungen aus A und B, wobei man den Anteil von B schrittweise erhöht. Was würde man nun erwarten?

---

[8] Anm.: Die beiden Moleküle A und B sind nicht zufällig ausgewählt, aber dazu komme ich später noch, in Kapitel 11.

Wenn nur das obere Molekül A gemessen wurde, würde man für das markierte Wasserstoffatom ein Signal erwarten, also etwa so:

Natürlich geben auch die anderen Wasserstoffatome Signale ab, aber die sollen uns jetzt nicht weiter interessieren. Angenommen man würde jetzt eine Mischung aus A und B im Verhältnis 5:1 untersuchen. Dann würde man für das markierte Wasserstoffatom nunmehr zwei Signale erwarten. Ein Signal für die Wasserstoffatome, die nun durch die Wasserstoffbrückenbindung zwischen A und B gebunden sind und ein zweites – natürlich etwas stärkeres – von den markierten Wasserstoffatomen, die noch frei sind. Dies Signal ist stärker, da ja fünfmal soviel A wie B da ist, somit also gar nicht alle Moleküle A gebunden werden können. Insgesamt erwartet man also folgendes Bild:

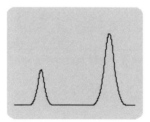

Dies passiert tatsächlich, allerdings nur, wenn man die Probe stark abkühlt. Bei normalen Temperaturen, also 20° oder 25 °C, ist es aber so, dass die Wasserstoffbrückenbindungen ständig hin- und herwechseln und sich die Signale „verwischen". Nur wenn man durch starkes Abkühlen dieses Wechseln verhindert, kann man zwei Signale sehen. Das macht man allerdings in der Praxis nicht, denn das ist sehr aufwändig und im Übrigen auch nicht notwendig. Was man wirklich sieht, ist immer nur noch ein Signal, allerdings etwas verschoben (in diesem Beispiel wäre das etwas nach links) – sozusagen der „Durchschnitt".

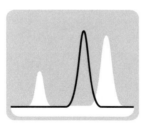

Wenn man nun eine Mischung aus A und B mit einem größeren Anteil an B untersucht, sieht man ein noch stärker nach links verschobenes Signal. Das folgende Bild zeigt nun eine solche Messreihe unterschiedlicher Mischungen von A und B, wobei die Menge an A jeweils konstant gehalten und die Menge an B variiert wurde:

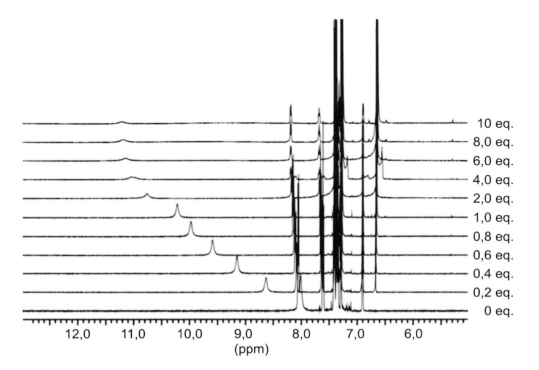

Die Messskala in ppm und die merkwürdige Tatsache, dass die Skala nach links hin größer wird, also genau umgekehrt wie sonst eigentlich, hängt mit der Meßmethode zusammen. Ich bitte Sie, dies einfach hinzunehmen.

Man sieht hier sehr deutlich, wie das Signal für das markierte Wasserstoffatom immer weiter nach links wandert, je mehr Molekül B vorhanden ist. Wie hoch der Anteil an B im Verhältnis jeweils ist, steht ganz rechts. Naja, wenn man gewohnt ist, diese Art von Spektren auszulesen sieht man sofort, dass es sehr deutlich ist. Wenn man eine solche Messreihe zum ersten Mal sieht, erschließt es sich vielleicht nicht sofort. Somit will ich die obere Grafik noch etwas genauer erklären:

Ganz unten sind die Signale, die man misst, wenn man das erste Molekül A allein untersucht, in der folgenden Grafik mit einem Pfeil versehen:

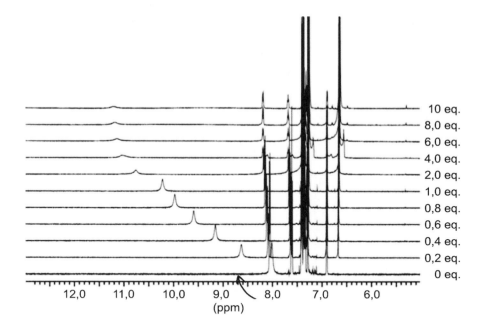

Darüber sind die Signale abgebildet, die entstehen, wenn man 20% („0.2 eq" = 0,2 Äquivalente, also 20%) von B hinzugibt. Man sieht zunächst, dass ganz rechts, in der folgenden Grafik grau markiert, ein paar schwache Signale dazukommen, das sind die Signale dieses neuen Moleküls B – aber das war ja auch so zu erwarten:

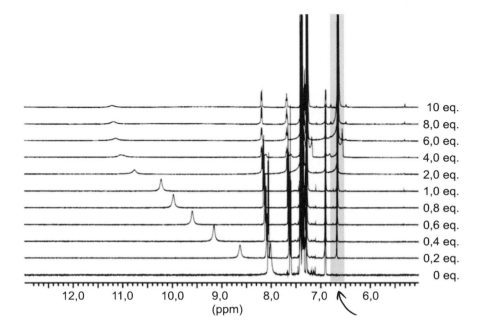

Zusätzlich ist nun aber ganz links ein neues Signal hinzugekommen und das ist das verschobene Signal für das markierte Wasserstoffatom aus dem Bild ganz am Anfang dieses Kapitels:

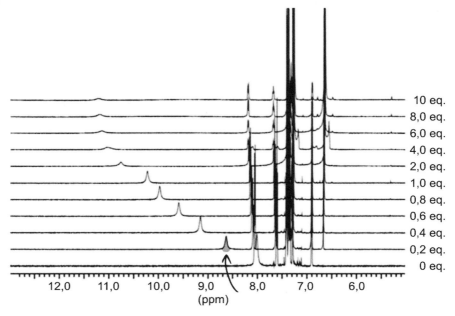

Im ersten Spektrum kann man dieses übrigens ebenfalls sehen, naja vielleicht eher erahnen. Es ist ganz rechts in dem ersten „Wald" von Signalen bei 8.0 ppm:

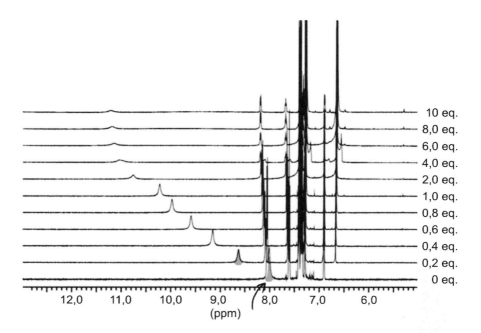

Was also ist passiert ? Dadurch, dass 20% von Molekül B dazugegeben wurden, hat sich das Signal des markierten Wasserstoffatoms von ursprünglich ca. 8 zu etwa 8,7 verschoben. Dies ist ein starker Hinweis dafür, dass tatsächlich die Anwesenheit von Molekül B die „chemische Umgebung" dieses Wasserstoffatoms verändert, d.h. dass sich eine Wasserstoffbrückenbindung unter Beteiligung dieses Wasserstoffatoms ausgebildet hat. Wie man sieht, ändern sich die anderen Signale nicht. Dies ist somit ein starker Hinweis dafür, dass diese Wasserstoffatome an der entstandenen Wasserstoffbrückenbindung nicht beteiligt sind. Diese Information ist ebenso wichtig, wenn man feststellen will, wo genau die Wasserstoffbrückenbindung verläuft.

Die Signale darüber entstehen wiederum, wenn man 40% des zweiten Moleküls B dazu gibt, in der unteren Grafik mit dem Pfeil versehen. Das Signal ganz links hat sich noch weiter nach links verschoben.

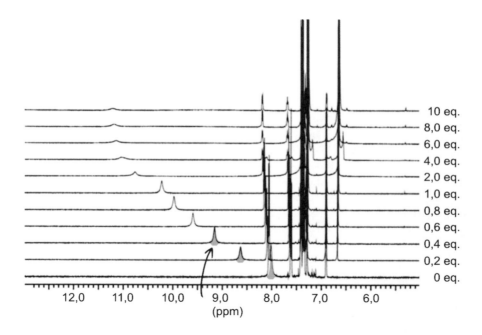

Darüber wiederum ist das Signal bei 60% B – das Signal ist noch weiter links. Und so weiter.

Wenn man das zweite Molekül B im Überschuss hinzugibt, was durch die Angabe „2eq", d.h. doppelter Überschuss bis „10eq", d.h. zehnfacher Überschuss angedeutet ist, so sind nun wirklich alle Moleküle A durch Wasserstoffbrückenbindungen gebunden. Die anderen Signale verändern sich jedoch nicht. Dies ist insofern nicht verwunderlich, weil diese Wasserstoffatome keine Wasserstoffbrückenbindungen eingehen. Mit steigender Konzentration gewinnen allerdings die Signale des zweiten Moleküls B natürlich die „Oberhand". Deshalb flacht sich auch das Signal des markierten Wasserstoffatoms etwas ab, wie man bei der nächsten Grafik gut sehen kann:

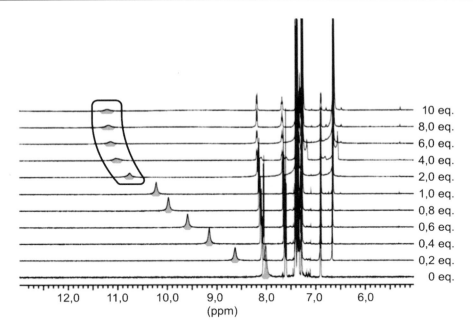

Man kann somit anhand der Verschiebung des Signals nachweisen, dass eine Wasserstoffbrückenbindung vorliegt und welche Wasserstoffe in den einzelnen Molekülen daran beteiligt sind. Ein weiterer Vorteil an dieser Methode ist, dass man nicht nur nachweisen kann, dass eine Bindung vorliegt, sondern auch noch wie stark sie ist, wenn man die einzelnen Messungen genauer auswertet. Außerdem dauert eine solche Messung nicht besonders lang, nur etwa einen Tag, und man benötigt nur sehr wenig Substanz. Somit ist es kein Wunder, dass nahezu alle Chemiker weltweit sich dieser Methode bedienen, um Wasserstoffbrückenbindungen zu untersuchen.

Jetzt werden Sie vielleicht fragen: Warum braucht man eigentlich einen zehnfachen Überschuss des zweiten Moleküls B, um alle des ersten (A) zu binden? Reicht da nicht auch einfach, die gleiche Menge hinzuzugeben?

Das hängt von der Stärke der Bindung ab und davon, dass wir es hier mit einem sogenannten Gleichgewicht zu tun haben. Ich will ganz kurz darauf eingehen – und Ihnen dann auch noch erzählen, wie man solche Gleichgewichte in der Chemie ausnutzen kann.

Wenn man in unserem System die Konzentration der freien ersten Moleküle A, die Konzentration der freien zweiten Moleküle B, sowie die Konzentration der gebundenen Moleküle – man spricht auch von einem Duplex – untersucht, so stellt man fest, dass, egal welche Bedingungen herrschen, folgende Gleichung gilt:

$$A * B = K * AB$$

Dabei steht A für die Konzentration der freien Moleküle von A, B für die Konzentration der freien Moleküle von B und AB für die Konzentration des Duplex. K ist eine Konstante. Diese Konstante K gibt an, wie stark die Bindung zwischen den Molekülen ist. Sie hängt extrem von den jeweiligen Bedingungen wie Temperatur, Lösemittel etc. ab. Wenn so viele Moleküle A wie möglich gebunden werden sollen, d.h. dass A so klein wie möglich sein soll, lohnt es sich, die Gleichung ein wenig umzustellen:

$$A = \frac{K * AB}{B}$$

Man sieht, dass wenn sich die Konzentration B erhöht, A automatisch kleiner wird. Wenn man somit so viele Moleküle A wie möglich binden will, muss man vom Bindungspartner B soviel wie es geht, bzw. noch einigermaßen sinnvoll ist, dazugeben. Nichts anderes wurde in der obigen Messung unternommen. Man sieht somit, dass es sehr vernünftig ist, einen zehnfachen Überschuss B zu verwenden, um wirklich fast alle Moleküle A zu binden.

Dieses Denken in Gleichgewichten ist zunächst gewöhnungsbedürftig, weil es der sonstigen Alltagserfahrung ein wenig widerspricht – aber man kann eine Menge damit machen. Dazu möchte ich ein anderes, sehr einfaches (aber rein hypothetisches) Gleichgewicht betrachten. Nehmen wir an, in einer kleinen Stadt wohnen 10.000 Einwohner. 9900 davon sind Schalke 04 Fans, die restlichen 100 sind Borussia Dortmund Fans. Der Beziehung zwischen ihnen wäre wie ein chemisches Gleichgewicht. Daraus folgt somit die Gleichung:

Schalke = 99 x Dortmund

Auf einen Dortmund Fan kommen somit 99 Schalke Fans, auf zwei Dortmund Fans 198 Schalke Fans und so weiter.

Nehmen Sie an, Borussia Dortmund wäre trotz dieser schwierigen Ausgangslage daran interessiert, alle Einwohner dieser Stadt zu Dortmund Fans zu konvertieren. Was könnte die Borussia dann tun?

Im realen Leben wäre das natürlich eher schwierig, denn erfahrungsgemäß würde ein Schalke 04 Fan niemals seinen Klub verraten und zur anderen Seite überwechseln, egal wie gut die Borussia spielt. In der Chemie gibt es aber eine Lösung und die ist überraschend einfach: Borussia Dortmund würde die Dortmund Fans überreden, aus der Stadt wegzuziehen!

Was würde nämlich nun passieren? Da das Gleichgewicht immer (!) gilt, würden jetzt ein paar Schalke Fans automatisch Dortmund Fans werden. Da nach dem Weggang aller Dortmund Fans nun noch 9900 Menschen in der Stadt wohnen, aber das Gleichgewicht weiterhin Bestand hat, würden nun 9801 Menschen sich zu Schalke bekennen, 99 zu Dortmund. d.h. 99 der ursprünglichen Schalke Fans haben nun ihre Meinung geändert. Die obige Beziehung zwischen Dortmund und Schalke Fans gilt nämlich auch umgekehrt: Auf 99 Schalke Fans *muss* automatisch ein Dortmund Fan kommen, d.h. bei 9900 Einwohnern *muss* es 99 Dortmund Fans geben, egal, ob diese vorher nun Schalke Fans waren oder nicht.

Würde Borussia Dortmund nun eine weitere „Wegzieh-Aktion" starten, würden danach noch 9702 Menschen in der Stadt wohnen. Laut Gleichgewicht wären das dann 9605 Schalke Fans und 97 Dortmund Fans.

Sie sehen, inzwischen sind immerhin 100+99+97 = 296 aller (ursprünglichen) Stadtbewohner zu Dortmund Fans konvertiert, d.h. der Anteil der Menschen, die jede Saison aufs neue davon träumen, eine Meisterschaft auf dem Borsigplatz zu feiern, hat sich fast verdreifacht.

Würde Borussia Dortmund nun einfach so fortfahren, so könnte die Vereinsführung es schaffen, obwohl die Stimmung immer zu 99% gegen sie ist, alle Stadtbewohner zu Dortmund Fans zu machen. Allerdings würde am Ende in der Stadt keiner mehr wohnen. Na gut, man kann halt nicht alles haben.

Was bedeutet das für die Chemie? Nehmen wir an, das Gleichgewicht zwischen Schalke und Dortmund wäre dies zwischen Ausgangsprodukt und Endprodukt einer chemischen Reaktion und wir wären (Schalker mögen es mir verzeihen!) selbstverständlich nur am Endprodukt interessiert. Somit könnten wir selbst bei sehr ungünstiger Ausgangslage, d.h. nur 1% unseres gewünschten Produkts entsteht überhaupt, trotzdem die Reaktion zu 100% durchführen – wenn wir es schaffen, das Endprodukt aus der Reaktion zu entfernen. Sobald das erfolgt ist, reagiert nämlich das Ausgangsprodukt automatisch hinterher und bildet neues Endprodukt. Viele chemische Reaktionen sind nur aus diesem einzigen Grund durchführbar und würden ansonsten gar nicht funktionieren.

10 „Nun wollen wir mal auf den Akzelerator treten..."

...sagt der Junge, genannt „der Professor", in Erich Kästners „Emil und die Detektive" zu den anderen Jungs als es darum geht, Emils Geld wiederzubeschaffen und im Kampf gegen den bösen Herrn Grundeis beizustehen. Mit anderen Worten: Jetzt geht es los – und zwar schnell!

In der Chemie gibt es ähnlich hilfreiche Akzeleratoren, die nützlich sind, wenn es darum geht, Dinge beschleunigt in Gang zu bringen. Man nennt diese aber meistens Katalysatoren. Diejenigen Katalysatoren, die wohl (fast) jeder Leser kennt, sind poröse Metallgebilde und werden in Autos eingesetzt. Diese meine ich nun gerade nicht, denn wie diese Katalysatoren funktionieren, ist wirklich kompliziert und nicht Thema dieses Buches, da sie keine Wasserstoffbrückenbindungen bilden. Der Katalysator, den ich in diesem Kapitel behandeln will, sieht so aus:

Man hat festgestellt, dass er zu geradezu spektakulären Dingen in der Lage ist. Dazu muss ich allerdings etwas ausholen.

In den Kapiteln 4 bis 7 habe ich Ihnen gezeigt, dass Methan und andere Kohlenstoffverbindungen eine sogenannte Tetraeder-Struktur besitzen. Dies hat aber ungeahnte Konsequenzen. Bitte betrachten Sie die beiden folgenden Molekülmodelle:

Wofür A, B, C und D genau stehen, soll hier keine Rolle spielen, wichtig ist nur, dass sie jeweils unterschiedlich sind.

Jedes der beiden Moleküle hat nun jeweils ein A, ein B und so weiter. Nur A und B wurden vertauscht. Damit Sie dies besser sehen, wurde das A eingerahmt. Sind die beiden Moleküle aber nun gleich? Sie können ja mal versuchen, die beiden so zu drehen, dass sie genau übereinstimmen.

Um es gleich zu sagen: Das funktioniert nicht. Diese beiden Moleküle sind zwar fast gleich, aber nicht ganz. Sie verhalten sich zueinander wie ein Bild und sein Spiegelbild oder wie Ihre linke Hand und Ihre rechte. Die sind zwar auch fast gleich, aber eben nur fast.

Diese Tatsache nennt man Chiralität und entsprechende Moleküle chiral, von griechisch chiros = Hand. Sie ergibt sich einfach aus den mathematischen Eigenschaften eines Tetraeders und wurde (unabhängig voneinander) von Jacobus van't Hoff und Joseph le Bel bereits im Jahr 1874 erkannt.

Da die beiden oberen Moleküle sich nur durch die räumliche Anordnung von A, B, C und D unterscheiden, haben sie denselben Namen. Damit man die beiden chiralen Formen dennoch sprachlich auseinanderhalten kann, wurde ein System entwickelt, bei der man eine Form als R-Form und die andere als S-Form bezeichnet. Es gibt genaue Regeln, um festzustellen, welche Form R und S ist. Leider existiert aus historischen Gründen noch ein zweites System, bei der die beiden Formen D und L genannt werden und die Regeln zur Festlegung sich unterscheiden.

Die Chiralität wäre nun nicht so wichtig, wenn sie in der Praxis nicht ungeahnte Auswirkungen hätte. Ein Beispiel ist das Carvon. Dies sieht so aus:

Carvon   (D) oder (S)-Carvon   (L) oder (R)-Carvon

Links ist das Carvon dargestellt, wie bisher Moleküle gezeichnet worden sind, daneben die beiden chiralen Formen des Carvons in einer Art 3-D- Ansicht. In der Mitte befindet sich das D- bzw S-Carvon, ganz rechts das L- bzw. R-Carvon. Die beiden chiralen Formen unterscheiden sich nur in der Anordnung der Gruppe unterhalb des Rings. Einmal steht diese nach links (beim D- bzw. S-Carvon), einmal nach rechts (beim L- bzw. R- Carvon).

Das D-Carvon riecht nach Kümmel und ist auch der Stoff, der bei dem Kümmel in Ihrem Gewürzregal den hauptsächlichen Geruch ausmacht, das L-Carvon dagegen riecht nach Minze. Dieser kleine Unterschied reicht somit aus, dass die Geruchssensoren in Ihrer Nase die beiden Moleküle, obwohl sie ansonsten den völlig gleichen Aufbau haben, unterschiedlichen Gerüchen zuordnen.

„Nun gut, wenn Stoffe unterschiedlich riechen, dann ist das ja nicht so schlimm", könnte man sagen. Die ganze Sache kann aber auch noch größere Auswirkungen haben. Dazu möchte ich zwei Zucker gegenüberstellen (bitte halten Sie sich nicht zulange auf, dass die Struktur vielleicht etwas komplex ist, es geht nur um den Unterschied !):

Die beiden Zucker sind – wie das Carvon – ebenfalls in einer 3-D-Projektion gezeichnet. Der linke Zucker ist Traubenzucker (auch Glucose genannt), der rechte heißt Galaktose und ist ein Unterbestandteil des Milchzuckers, der, wie der Name schon sagt, in Milch enthalten ist. Die beiden Zucker unterscheiden sich nur durch die Anordnung einer einzigen Alkoholgruppe, die markiert ist. Bei der Glucose steht die Alkoholgruppe räumlich „nach unten", bei der Galaktose „nach oben".[9]

Was hat dieser auf den ersten Blick fast unbedeutende Unterschied nun für Konsequenzen? Sehr große – und zwar eventuell sogar für Sie persönlich.

Traubenzucker nämlich können alle Menschen essen – jedoch gibt es sehr viele Menschen, die Milchzucker nicht vertragen. Man nennt dies auch Laktoseintoleranz. Weltweit sind ca. 75% aller Menschen davon betroffen, bei den Chinesen sogar fast 95% bei Thais 98%! Nur in Mittel- und Nordeuropa, den USA und Russland sind Menschen in der Mehrheit, die Milchzucker essen können, d.h. größere Mengen Milch vertragen.

Die Laktoseintoleranz wird sogar mit der Besiedlungsgeschichte Afrikas und anderer Gegenden in Verbindung gebracht. Dies aus dem Grund, dass es in bestimmten Gebieten Menschen gibt, die keine oder weniger Laktoseintoleranz besitzen, obwohl in umliegenden Gegenden diese grundsätzlich verbreitet ist. Man vermutet, dass die Urahnen dieser Menschen aufgrund ihrer genetischen Ausstattung im Vorteil waren. Sie konnten sich nämlich bei Reisen durch Wüsten oder anderen unwirtlichen Gegenden von der Milch ihrer Reittiere, wie z.B. Kamele, ernähren und somit Gebiete besiedeln, die anderen Menschen, die diese Möglichkeit nicht hatten, versperrt waren.

Dies ist dann schon ein gewaltiger Effekt der Chiralität – denn nur durch die Anordnung einer einzigen Gruppe unterscheiden sich Glucose und Galaktose. Auch bei vielen Medikamenten wirkt nur eine Form (d.h. R oder S bzw. D oder L), die andere ist inaktiv oder manchmal sogar giftig. Sie sehen, die Chiralität ist durchaus wichtig.

Die Frage, welche genaue Struktur ein Molekül nun besitzt, d.h. wie die genaue chirale Form aussieht und natürlich, wie man diese zielgerichtet herstellt, hat die Chemie seit der Entde-

---

[9] Anm.: „Nach oben" wurde bewusst in Anführungsstrichen geschrieben, denn die wirkliche räumliche Anordnung ist noch etwas anders. Diese Art der Darstellung wurde aus Gründen den Anschaulichkeit gewählt.

ckung durch van't Hoff und Le Bel beschäftigt und viele Nobelpreise, unter anderem der allererste für Chemie überhaupt an van't Hoff 1901, wurden für Entdeckungen und Synthesemethoden auf diesem Gebiet vergeben.

Um sich das Leben einfach zu machen, haben Chemiker für die genaue Bezeichnung von Molekülen, die chiral sind, ebenfalls eine Sparschreibweise eingeführt. Dabei steht ein fetter Strich dafür, dass dieser Rest nach vorn steht, ein gestrichelter Strich dafür, dass dieser Rest nach hinten steht – und ein normaler Strich, dass dieser Rest weder nach vorn noch nach hinten steht, sondern in der Papierebene. Das sieht dann so aus:

chirales Molekül Dasselbe Molekül in der exakten Sparschreibweise

Der Katalysator, den ich ganz am Anfang des Kapitels beschrieben habe, heißt Prolin. Er hat den Vorteil, dass er in der Natur häufig vorkommt und auch wenig kostet, was gerade in der Chemie ein unbestreitbarer Vorteil ist. Genauer gesagt ist auch dieser Katalysator chiral – und die Form, die dann meistens wirklich verwendet wird, ist das sog. S-Prolin bzw. L-Prolin, was folgende Struktur hat[10]:

Der markierte rechte Teil, der übrigens eine Carbonsäure ist – vielleicht erinnern Sie sich daran – steht also nach vorn. An dieser Stelle nach hinten steht wie immer ein Wasserstoffatom, was der Übersicht halber zunächst weggelassen wurde. Zeichnet man dieses auch noch ein, so sieht der Katalysator dann so aus:

---

[10] Anm.: Man könnte grundsätzlich natürlich auch das R- oder D-Prolin verwenden, jedoch kommt dies in der Natur seltener vor und ist dementsprechend teuer.

Eine Bindung fürs Leben

Dieser Katalysator hilft nun bei einer ganzen Reihe von Reaktionen, unter anderem bei der folgenden Reaktion:

$$\underset{A}{H_3C\overset{O}{\underset{\|}{C}}CH_3} + \underset{B}{\underset{H}{\overset{O}{\|}}C-CH(CH_3)_2} \longrightarrow \underset{C}{H_3C-CO-CH_2-CH(OH)-CH(CH_3)_2}$$

Diese Reaktion bzw. der verallgemeinerte Reaktionstyp heißt „Aldolreaktion" und wurde bereits 1872 vom russischen Chemiker Alexander Borodin (der übrigens auch ein berühmter klassischer Komponist der sogenannten russischen Schule war) beschrieben. Sie werden vielleicht noch nicht von ihr gehört haben, aber jeder Chemiestudent, der eine Vorlesung in organischer Chemie gehört hat, kennt sie. Denn diese Reaktion ist eine der wichtigsten Reaktionen in diesem Bereich der Chemie. Um ein Beispiel zu nennen: Die Synthese des Medikaments Atorvastatin, welches unter den Namen „Sortis" und „Lipitor" von der Firma Pfizer verkauft wird und eine Zeit lang das umsatzstärkste Medikament der Welt war, umfasst zwei Aldolreaktionen. Atorvastatin hat folgende Struktur:

Atorvastatin

und die beiden Alkohol-Funktionen im grauen Bereich werden durch zwei aufeinanderfolgende Aldolreaktionen hergestellt.

An der Aldolreaktion interessant ist unter anderem, dass die beiden Edukte A und B nicht chiral sind, das Produkt C aber sehr wohl und zwar an der markierten Stelle:

Diese Tatsache und die Wichtigkeit der Aldolreaktion als solche hat viele Chemiker herausgefordert, eine Methode zu finden, die nicht nur das Produkt liefert, sondern auch dieses gleich in nur einer chiralen Form. Diese entsteht nämlich nicht automatisch. Führt man die Reaktion „einfach so" durch, so entsteht zu gleichen Teilen das Produkt als S-Form und als R-Form. Wenn die genaue chirale Form aber wichtig ist, hat man somit zur Hälfte im Wesentlichen Abfall erzeugt. Will man hingegen, dass eine chirale Form im Überschuss entsteht, so muss man die Reaktion abändern, z.B. ein weiteres Hilfsmittel verwenden.

Um das Jahr 2000 fand nun Benjamin List (damals am Skaggs Institute in San Diego, inzwischen am Max-Planck-Institut für Kohlenforschung in Mülheim an der Ruhr), dass das L-Prolin ein solches Hilfsmittel ist. Fügt man zu der obigen Reaktion L-Prolin hinzu, so entsteht zu mehr als 90% nur eine Form des Reaktionsprodukts, nämlich folgende, bei der der entstehende Alkohol nach vorn angeordnet ist:

Dies war wirklich ein spektakulärer Erfolg, denn die bisher verfügbaren Methoden benötigten meist Reagenzien, die deutlich größer, aufwändiger, und vor allem teurer waren. Von L-Prolin kostet aber auch in hochreiner Form ein Kilogramm deutlich weniger als hundert Euro, und das ist wirklich Discount.

Wie funktioniert diese Reaktion nun genau? Das wurde ausführlich untersucht und man hält folgenden Mechanismus für den wahrscheinlichsten: Zunächst reagiert das Prolin mit dem oberen Molekül A zu folgendem Molekül und Wasser:

Wie man sieht, ist hier der Stickstoff „vierbindig", und außerdem positiv geladen. Deshalb ist dieses Molekül auch nicht besonders stabil und reagiert gleich weiter und zwar so, dass das im unteren Bild markierte H-Atom als ein sogenanntes Proton abgegeben wird und eine Doppelbindung entsteht. Dadurch wird der Stickstoff wieder „dreibindig". Somit ist alles wieder in Ordnung. Beim Stickstoff ist aber, wie ja immer bei Stickstoff, noch ein Elektronenpaar, dies wird später noch wichtig.

Dieses entstandene Molekül, welches ich mit „D" bezeichnen will, hat nun aber drei wichtige Eigenschaften. Die erste Eigenschaft ist, dass es mit dem Molekül B der ursprünglichen Gleichung, also diesem hier:

schneller reagiert als das Molekül A. Diese Eigenschaft ist die wichtigste, denn ansonsten würden A und B ja auch „einfach so" reagieren – und nichts wäre gewonnen. In der zweiten Eigenschaft ist es, dadurch dass nun das Prolin „eingebaut" ist, chiral und zwar so, und das ist die dritte Eigenschaft, dass genau diese chirale Stelle, weil sie eine Carbonsäure ist, eine Wasserstoffbrückenbindung mit dem Molekül B eingehen kann. Wenn man sich die Struktur in 3D genau ansieht, so kann man feststellen, dass im Molekül D die Carbonsäureeinheit auf der einen Seite der Doppelbindung ziemlich genau oben drüber steht.

Dies führt dazu, dass bei der nun folgenden Reaktion das Molekül B sich „von unten" annähert – zum einen weil „von oben" die Carbonsäureeinheit von D schlicht und einfach im Weg steht, zum anderen, weil sich zwischen dem Sauerstoff von B und dem Wasserstoff der Carbonsäureeinheit von D eine Wasserstoffbrückenbindung ausbildet, die das Molekül B „festhält". Das sieht ungefähr so aus:

Anschließend reagieren dann beide Moleküle miteinander zu einem neuen Molekül und zwar in einer räumlich genau festgelegten Weise, da die Anordnung der Carbonsäureeinheit und die Wasserstoffbrückenbindung die Reaktion räumlich kontrolliert. Die folgende Reaktion hat drei Schritte. Diese werde ich zwar nacheinander erklären, aber in der Realität, und das ist wichtig, laufen alle gleichzeitig ab:

Zunächst „klappt" die eine Bindung der Kohlenstoff-Sauerstoff-Doppelbindung im Molekül B zum Wasserstoffatom des Moleküls D hin „um". Im Gegenzug löst sich die Carbonsäureeinheit von dem Wasserstoff und wird dadurch negativ geladen:

Weiterhin „klappt" die eine Doppelbindung des Moleküls D zum Molekül B hin „um"[11]:

Dies geschieht gleichzeitig wie das „Umklappen" der Bindung hin zum Wasserstoff, somit steht der entstehende Alkohol nach vorn, das Wasserstoffatom, was sich am selben Kohlenstoff befindet, nach hinten. Der Übersicht halber wird dieses in den folgenden Grafiken nicht

---

[11] Anm.: Die Prolineinheit ist in den folgenden Grafiken etwas schräg gezeichnet, damit man den entstehenden Alkohol besser sieht. In einer realistischen Anordnung würde er durch die Carbonsäureeinheit verdeckt.

Eine Bindung fürs Leben

mehr eingezeichnet. Ebenfalls „klappt" das freie Elektronenpaar des Stickstoffs nach unten „um":

Es entsteht somit das folgende, unten nochmals dargestellte Molekül, in dem – dies ist entscheidend und deshalb möchte ich es wiederholen – die neu entstandene Alkoholgruppe dann nach vorn steht:

In diesem Molekül ist nun der Stickstoff wieder „vierbindig" und positiv geladen. Gleichzeitig ist die Carbonsäureeinheit negativ geladen, weil ja der Wasserstoff an die entstehende Alkoholgruppe abgegeben wurde. Somit reagiert es gleich mit dem am Anfang entstandenen Wasser zu den folgenden zwei Molekülen weiter:

C Prolin

Diese sind nichts anderes als das gewünschte Reaktionsprodukt C und Prolin! Das Prolin wird also bei der Reaktion vollständig wieder zurückgewonnen und kann nun bei einer zweiten Reaktion „auf den Akzelerator treten" oder, um es chemisch zu sagen, als Katalysator wirken. Es braucht somit gar nicht in der gleichen Menge wie die beiden anderen Moleküle vorhanden zu sein. Das ist in der Praxis auch nicht der Fall. Man verwendet es meistens in einem Anteil von ca. 10 bis 20%.

Für die Reaktion ist es natürlich wesentlich, dass chiral möglichst reines Prolin eingesetzt wird, da das Prolin im Laufe der Reaktion quasi seine Chiralität auf das Produkt überträgt. Dies ist aber kein Problem, da auch hochreines Prolin ohne Probleme billig zur Verfügung steht. Der „Trick" ist somit, die billige Verfügbarkeit von chiralem Prolin auch für andere Reaktionen einzusetzen und somit auf einfache Weise neue chirale Verbindungen zu synthetisieren, die eben nicht einfach aus der Natur oder anderen Quellen in chiraler Form zu gewinnen sind. Leider klappen wie auch im sonstigen Leben solche Tricks nur höchst selten, und deshalb hat die obige Reaktion auch so viel Aufsehen erregt.

Prolin bezeichnet man, wie ich schon im allerersten Kapitel beschrieben habe auch als organisches Molekül. Erkenntnisse wie diese haben dazu geführt, dass ein ganzer Bereich der Chemie entstanden ist, den man „Organokatalyse" nennt, d.h. den Einsatz von organischen Molekülen als Katalysatoren. Diese Organokatalysatoren haben inzwischen spektakuläre Ergebnisse ermöglicht, die man bis vor kurzem kaum für möglich gehalten hätte.

An dieser Erfolgsgeschichte ist ein Aspekt besonders interessant. Benjamin List ist nämlich bei weitem nicht der erste, der das Potential von Prolin als Katalysator erkannte. Schon 1971 veröffentlichten unabhängig voneinander zwei Arbeitsgruppen Resultate über den Einsatz von Prolin als Katalysator für chirale Synthesen bei einem ganz ähnlichen Reaktionstyp. Somit hätte man viel schneller erkennen können, dass sich Prolin auch noch für andere Reaktionen eignet. Es gibt inzwischen bestimmt mehr als zehn verschiedene Reaktionstypen, die von Prolin katalysiert werden. Warum dauerte es dann fast dreißig Jahre – in der modernen Chemie mehr als eine Ewigkeit – bis das Potential von Prolin und der Organokatalyse überhaupt entdeckt wurde? Da beide ursprünglichen Veröffentlichungen von Industriechemikern stammten, einmal von Forschern von Schering, einmal von Hoffmann-La Roche, die eigentlich an etwas ganz anderem interessiert waren, wäre es nicht unbedingt zu erwarten gewesen, dass die ursprünglichen Entdecker das Thema ausgebaut hätten. Aber andere Chemiker hätten den Ball ja aufnehmen und weiterspielen können.

Hierzu gibt es nur Vermutungen. Auch bei anderen, im Nachhinein als bahnbrechend erkannten Entdeckungen hat man Vorläufer gefunden, die nicht weiterverfolgt wurden. In der Forschung geht nicht immer alles linear und wie auf Schienen voran. Häufig werden Entdeckungen gemacht, von denen man sich nachher fragt, warum nicht viel früher jemand anders den Entdeckern zuvorgekommen ist. Prolin ist aber inzwischen einer der am häufigsten benutzten Katalysatoren in der modernen Chemie geworden.

Im Folgenden möchte ich Ihnen noch ein Katalysatorsystem vorstellen, welches zwar eher als Modellsystem zu verstehen ist – aber sehr gut verdeutlicht, wie ein Katalysator arbeitet.

Dabei geht es um die folgende Reaktion, bei der ein Molekül, welches ich wieder mit A bezeichnen will, quasi mit sich selbst reagiert und zwar so:

Eine Bindung fürs Leben 83

Wahrscheinlich werden Sie denken, dass die Reaktion ein wenig wüst und komplex aussieht, und deshalb will ich diese noch etwas erklären. Es handelt sich um eine sogenannte Diels-Alder-Reaktion, benannt nach den Entdeckern Otto Diels und Kurt Alder, die für die Entdeckung dieses Reaktionstyps 1950 einen Nobelpreis bekamen. In der Reaktion reagieren zwei Teilbereiche von A, nämlich die beiden markierten Gebiete so, dass sich ein Ring bildet:

Man kann sich dabei vorstellen, dass die drei Doppelbindungen einmal jeweils „umklappen". Dabei entstehen gleich zwei neue Bindungen, die umrandet sind, eine Doppelbindung bewegt sich „eins weiter":

Andrew Hamilton (damals University of Pittsburgh, inzwischen Vizekanzler in Oxford) und seine Arbeitsgruppe untersuchten nun, was passiert, wenn man diese Reaktion durchführt, aber dabei entweder das untenstehende Molekül, welches mit B bezeichnet ist, oder das Molekül C hinzugibt.

B

C

Wie Sie sehen, unterscheiden sich B und C nur dadurch, dass am zentralen Ring einmal zwei Kohlenstoffatome zwischen den beiden „Armen" liegen (B) bzw. nur eins (C) – oder anders ausgedrückt, bei B ist der Winkel 180°, bei C 120°.

B

C

Eine Bindung fürs Leben

Man findet nun folgenden Effekt: Mit Molekül C findet die Reaktion 3,5-mal schneller statt als „einfach so" – aber mit Molekül B zehnmal langsamer. Dieser kleine Unterschied in der Molekülstruktur wirkt sich also dramatisch auf die Reaktion aus!

Wie lässt sich dies erklären? Eigentlich ist es gar nicht so schwer. Mit sowohl Molekül B als auch C bildet das obere Molekül A zweimal zwei Wasserstoffbrückenbindungen – ähnlich wie die, die im Kapitel 9 gezeigt sind. Mit Molekül B sieht das dann so aus:

Damit aber die Reaktion stattfinden kann, müssen sich, wie schon oben erwähnt, die folgenden markierten Bereiche von Molekül A in räumlicher Nähe zueinander befinden:

Dadurch, dass A aber über seine beiden Carbonsäureeinheiten Wasserstoffbrückenbindungen mit B bildet, wird es etwas auseinandergezogen und in dieser Stellung festgehalten. So kann aber die Reaktion so gut wie gar nicht stattfinden! Die beiden markierten Bereiche sind einfach zu weit weg voneinander. Es reagieren daher im Wesentlichen nur die Moleküle die gerade nicht gebunden sind. Da die aber in der Minderzahl sind, dauert es viel länger als ohne die Anwesenheit von B, bis alle reagiert haben.

Mit Molekül C ist es gerade andersherum. Wenn A mit diesem Molekül Wasserstoffbrückenbindungen ausbildet, sieht das so aus:

Hier werden durch die Wasserstoffbrückenbindungen die reaktionsentscheidenden Bereiche von Molekül A zueinandergeschoben. Es ist somit einsichtig, dass in Anwesenheit von Molekül C die Reaktion beschleunigt wird. C ist ein echter Katalysator!

Ich möchte noch einmal kurz auf das Prolin zurückkommen. Prolin ist eine sogenannte Aminosäure. Diese Bezeichnung sagt aus, dass Prolin über eine Amin-Gruppe, was im wesentlichen nichts weiter bedeutet, als dass ein Stickstoff vorhanden ist, sowie eine (Carbon-)-Säuregruppe verfügt. Wenn man viele dieser Aminosäuren aneinanderfügt und zwar über sogenannte Amidgruppen (was das ist, kennen Sie ja schon aus Kapitel 7), so entstehen Verbindungen mit folgender Struktur:

In diesem Bild sind jetzt sechs Aminosäuren gezeigt, die sich jeweils durch die Reste R unterscheiden. Prolin war jetzt nicht darunter, aber es kommt in der Natur durchaus häufig vor. Wenn man jedoch hundert oder mehr dieser Aminosäuren aneinanderhängt – es können aber auch bis zu dreißigtausend(!) sein – entstehen Riesenmoleküle, die man „Proteine" nennt. Sie haben vielleicht diesen Namen schon einmal gehört; z.B. wenn es darum geht, Fleisch zu essen, was besonders viele Proteine enthält, im Gegensatz zu Nudeln oder Reis.

Die Wichtigkeit von Proteinen ist aber weitaus größer und schon in der Bezeichnung Protein angedeutet. Dieser Begriff wurde bereits 1839 von dem niederländischen Biochemiker Gerardus Mulder verwendet, wobei er einen Vorschlag von dem Schweden Jöns Jakob Berzelius aufgriff, einem der größten Chemiker aller Zeiten. Der wiederum hatte den Begriff Protein aus dem Griechischen abgeleitet – von „protos" = der erste/wichtigste und „proteios" = grundlegend.

Und das sind Proteine tatsächlich! Proteine erfüllen im menschlichen Körper essentielle Funktionen. So sind sie z.B. Katalysatoren und zwar die besten Katalysatoren, die man in der Chemie und Biologie kennt. Proteine, die katalytisch wirken, nennt man auch Enzyme. Es gibt auch andere Proteine, aber auf die will ich jetzt nicht weiter eingehen. Enzyme sorgen dafür, dass sich im menschlichen Körper Moleküle zu anderen Molekülen umwandeln. Dabei sind Enzyme so effektiv, dass sie es schaffen, Reaktionen nicht um das Hundertfache zu beschleunigen, was normalerweise auch schon ganz gut wäre, sondern häufig gleich um das Millionenfache. Ohne Enzyme würden Sie keinen einzigen Tag überleben.

Wie machen Enzyme das? Im Grunde agieren sie häufig ähnlich wie das Prolin. Sie binden zeitweise an eine Sorte von Molekülen und sorgen über Wasserstoffbrückenbindungen dafür, dass andere Moleküle mit diesen reagieren und zwar räumlich und zeitlich genau kontrolliert. Oder sie verhalten sich wie das Molekül C aus dem System von Andrew Hamilton und sorgen über Wasserstoffbrückenbindungen dafür, dass reaktionsentscheidende Teilbereiche von Molekülen sich räumlich näherkommen und diese somit schneller reagieren. Da Proteine aber viel größer sind als das Prolin, können sie sich quasi maßgeschneidert auf eine bestimmte Reaktion einstellen und nicht nur eine Wasserstoffbrückenbindung ausbilden sondern gleich mehrere. Da Proteine so viel größer sind als das Prolin, kann ich Ihnen das nicht auf einem Bild zeigen, denn entweder bräuchte ich dafür soviel Platz wie ein halber Esstisch oder es wird wirklich unübersichtlich klein. Sie müssen sich das somit einfach so versuchen vorzustellen oder es mir einfach glauben. Nur ein Beispiel: Ein Protein, das sogenannte Streptavidin bildet mit seinem Zielmolekül, dem sogenannten Biotin gleich 15 Wasserstoffbrückenbindungen aus. Kein Wunder, dass Biotin an diesem Protein haftet „wie Pech und Schwefel".[12]

Wenn Sie übrigens mal Enzyme sehen wollen, nicht nur beschrieben in einem Buch, sondern wirklich als Substanz, dann brauchen Sie nicht in ein chemisches Labor zu gehen. Schauen Sie lieber in Ihr Waschmittel! Die Waschmittelindustrie ist einer der größten „Nutzer" von Enzymen, die in nicht unbeträchtlichem Anteil in jedem modernen Waschmittel enthalten sind. Aber um es gleich zu sagen: Enzyme sind im Wesentlichen ein weißes Pulver, dem man nicht ansieht, was es Großartiges kann.

Warum Enzyme in Waschmitteln enthalten sind, ist nicht so schwer zu verstehen, wenn Sie kurz in Kapitel 6 zurückgehen und sich noch einmal die Struktur eines Fettes anschauen. Ich hatte Ihnen erzählt, dass es möglich ist, durch Stoffe wie Natronlauge Fette in Glycerin und die Fettsäuren zu zerlegen, die sogenannte Verseifung. Glycerin und die einzelnen Fettsäuren

---

[12] Anmerkung: Die genaue Zahl ist unter den Experten etwas umstritten, da man unterschiedlicher Meinung sein kann, welche Wasserstoffbrückenbindungen zum Biotin hin verlaufen und welche nicht. Es wird eine Art „erster Kreis" und ein „zweiter Kreis" unterschieden. Mindestens acht – was immer noch eine ganze Menge ist – sind es auf jeden Fall.

lösen sich beim Waschen leichter von Wäsche, wie einer Jeans, viel besser als das Fett selbst, weil sie viel kleiner sind und sich obendrein auch besser in Wasser lösen. Man könnte jetzt versucht sein, einfach eine fettfleckenbehaftete Jeans mit Natronlauge zu waschen und damit das Fett zu verseifen. Das ist aber keine gute Idee. Zwar haben Sie dann kein Fett mehr – aber auch keine Jeans mehr, denn selbst sehr verdünnte Natronlauge verursacht ziemliche Löcher in Jeans (wie manch ein Chemiestudent – auch ich – nach einem Praktikumstag im Labor feststellen musste). Kein Wunder, dass Natronlauge in vielen Abflussreinigern vorhanden ist.

Wenn man jedoch ein geeignetes Enzym ins Waschmittel gibt, dann „zerlegt" dieses das Fett auch ohne dass die Jeans leiden muss. Auch für andere Verschmutzungen, wie Eiweißflecken oder Rotweinflecken gibt es spezielle Enzyme, die die entsprechenden Stoffe abbauen. So hat sich die Waschmittelindustrie diese Eigenschaften von Enzymen zu Nutze gemacht und dafür gesorgt, dass sich tatsächlich Waschmittel deutlich verbessert haben.

Dieser Fortschritt hat zu einer unfreiwillig komischen Situation geführt. Enzyme haben nämlich eine Maximaltemperatur, bei der sie am besten arbeiten. Oberhalb dieser Temperatur ändert sich ihre Struktur und dann funktionieren Enzyme nicht mehr richtig.[13] Die optimale Temperatur liegt üblicherweise in der Gegend von 30-40 °C, also der Körpertemperatur der meisten Säugetiere.

Die meisten Benutzer von Waschmaschinen sind jedoch daran gewöhnt, dass man Wäsche kochen muss, wenn sie richtig sauber werden soll. Das ist auch bei Waschmitteln, in denen keine Enzyme vorhanden sind, ganz vernünftig. Da Enzyme industriell mit Hilfe von gentechnischen Methoden hergestellt werden, die ab Mitte der 1980er Jahre so richtig erst verfügbar waren, ist auch noch nicht so irrsinnig lange her. Bei Waschmitteln, in denen Enzyme vorhanden sind, und das sind inzwischen selbst die allerbilligsten „No-Name-Produkte", ist das dagegen ungünstig. Bei 95 °C (also Kochwäsche) gehen normale Enzyme innerhalb weniger Minuten kaputt – und dann wirkt das Waschmittel nicht besser, sondern wesentlich schlechter! Wenn Sie das nächste Mal mit Ihrer Waschmaschine waschen, sollten Sie also vielleicht die Temperatur auf 40 °C einstellen. Ihre Wäsche wird es Ihnen danken.

---

[13] Anmerkung: Dieses Phänomen haben Sie bestimmt auch schon einmal gesehen, und das auch in Ihrer Waschküche, aber bei Wolle. Wolle besteht ebenfalls fast ausschließlich aus Proteinen – und wenn man Wollpullover zu heiß wäscht, ändert sich auch hier unwiderbringlich die Struktur dieser Proteine, der Pullover „läuft ein".

11 Stoffe, die sich selber bauen

Im vorigen Kapitel habe ich Ihnen von Katalysatoren berichtet, also Stoffe, die quasi als barmherzige Samariter bei einer Reaktion für deren Beschleunigung sorgen.

Jetzt wäre es natürlich interessant, Reaktionen zu suchen, bei denen ein Katalysator sich selbst hilft, also eine Reaktion unterstützt, bei der er selbst als ein Produkt entsteht. Es gibt durchaus eine ganze Menge derartiger Reaktionen. Man nennt sie auch „autokatalytisch" (von griechisch: auto = selbst). Diese Reaktionen verlaufen mit der Zeit automatisch immer schneller, da nach und nach neuer Katalysator entsteht.

Noch interessanter wäre es, wenn diese Reaktion nicht nur autokatalytisch verliefe sondern auch unter „Übertragung von Informationen". Darunter versteht man, dass das Reaktionsprodukt komplexer ist als die Ausgangsstoffe. Reaktionen dieses Typs nennt man nicht autokatalytisch sondern selbstreplizierend. Worin kann diese Übertragung von Informationen bestehen? Im einfachsten Fall in der Übertragung von Richtungsinformationen im Sinne einer molekularen Erkennung, wie ich sie schon in Kapitel 7 beschrieben habe.

Solche Reaktionen sind deshalb außerordentlich interessant, weil es sie – zumindest nach Meinung aller Experten auf diesem Gebiet – bei der Entstehung des Lebens auf der Erde gegeben haben muss.

Wie das Leben auf der Erde entstanden ist, ist weitgehend unklar. Weitgehend einig ist man sich in etwa über das folgende: Vor ca. 4,2 Milliarden Jahren gab es auf der Erde eine Art Urozean, auch „Ursuppe" genannt. In diesem Urozean war zunächst ein ganzes Sammelsurium von Chemikalien gelöst. Das war es dann aber auch im Wesentlichen. Leben gab es keins.

400 Millionen Jahre später, d.h. vor 3,8 Milliarden Jahren existierten dann aber erste Zellen und Bakterien, also etwas, was man mit Sicherheit als Leben bezeichnen kann. Allerdings ist selbst dieser Zeitpunkt umstritten, einige Forscher gehen davon aus, dass Leben bereits vor 4 Milliarden vorhanden war.

Was geschah dazwischen ? Das ist die große Frage!

Irgendwie muss es, denn sonst würden Sie und ich ja nicht existieren, innerhalb der ersten Ursuppe, die auf der Oberfläche der Erde vorhanden war, einen Prozess oder eher eine ganze Reihe von Prozessen gegeben haben, die dafür sorgten, dass nach und nach zunächst kompliziertere Moleküle und dann geordnete Strukturen entstanden, die wiederum dann in so etwas wie Zellen und Bakterien gipfelten. Welche Prozesse das waren, weiß niemand so genau.

Aber natürlich möchte man es wissen, denn die Entstehung von Leben aus einfachen Chemikalien, quasi aus „nichts" ist etwas unglaublich Faszinierendes. Das einzige, was man aber in diesem ganzen Forschungsgebiet mit Sicherheit weiß, ist, dass es irgendwie funktionieren muss. Der Beweis ist ja Ihre und meine Existenz. Ansonsten ist so gut wie alles umstritten, wie Sie vielleicht schon gemerkt haben.

Wenn Sie sich eine Zelle anschauen, so werden sie feststellen, dass dies schon ein enorm komplexes System ist. So etwas kann „nicht vom Himmel fallen". Die Wahrscheinlichkeit, dass sich, ausgehend von einem Urozean, eine Zelle spontan bildet, ist unmessbar klein.

Was aber Leben auszeichnet, ist unter anderem die Fähigkeit, sich fortzupflanzen, also sich zu kopieren oder zu replizieren. Wenn auch nicht immer vollständig identisch, Ihre Kinder sehen ja auch anders aus als Sie – aber das wiederum ist ein anderes Thema. Man stellt sich somit vor, dass bevor es Zellen gab, die sich replizieren oder kopieren konnten, es viel einfachere Reaktionssysteme gegeben haben muss, in denen Moleküle sich kopiert und repliziert haben – und dass es, bevor es eine Evolution unter Lebewesen gab, so etwas wie eine „chemische Evolution" gegeben hat. Diese Reaktionssysteme nennt man selbstreplizierend.

Für Wissenschaftler, die sich mit diesem Thema beschäftigen ist es natürlich sehr schwer, die Prozesse, die zur Entstehung des Lebens auf der Erde geführt haben, einwandfrei zu rekonstruieren. Dies liegt unter anderem daran, dass die Erde ja schon belebt ist und somit überall Lebewesen wie Bakterien in mögliche Prozesse eingreifen. Wir können (leider) nicht einfach die Uhr zurückdrehen und dann beobachten was passiert. Zum anderen ist es sehr wahrscheinlich, dass viele dieser Prozesse sehr lange gedauert haben, möglicherweise Jahrhunderte, wenn nicht sogar Jahrtausende. Soviel Zeit hat man einfach nicht.

Somit behilft man sich mit Simulationen und Modellsystemen, zum Beispiel mit Modellsystemen von selbstreplizierenden Reaktionen. So ein selbstreplizierendes Reaktionssystem kann schematisch ungefähr so aussehen:

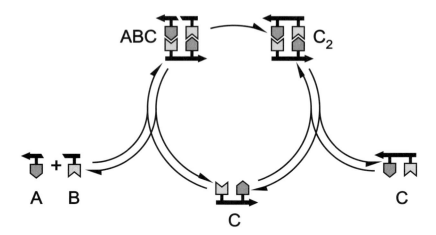

Die beiden Moleküle A und B reagieren miteinander zum Produkt C. Allerdings verfügen A und B jeweils auch über Erkennungsstellen, so dass sie sich gegenseitig über Wasserstoffbrückenbindungen binden können, ähnlich wie z.B. Adenin und Thymin bei der DNA oder wie bei den Molekülen aus Kapitel 7 und 9. Das Produkt C besitzt natürlich ebenfalls beide Erkennungsstellen, sodass sowohl A und B sich an das Produkt C anlagern können. Es bildet sich ein Komplex aus A, B und C, der oben links als ABC bezeichnet ist. A und B reagieren dann zu C. Somit entsteht ein Komplex aus zwei C-Molekülen, in der oberen Grafik oben rechts als C_2 bezeichnet. Diese Reaktion wird durch die Komplexbildung ABC beschleunigt, und zwar einfach deshalb, weil A und B durch diese Komplexbildung nahe und günstig beieinanderliegen, ähnlich wie bei dem Katalysator von Andrew Hamilton im Kapitel vorher. C ist somit ebenfalls ein Katalysator – und zwar für die Bildung von sich selbst!

Der Komplex C_2 trennt sich nun. Somit kann das Molekül C nun wieder an A und B anlagern. Allerdings haben wir jetzt zwei Moleküle C. Somit können zwei Moleküle C jeweils zweimal ein Molekül A und ein Molekül B anlagern. Es entstehen dann vier Moleküle C, dann acht, dann sechzehn und so weiter. Es entsteht somit ein sogenanntes exponentielles Wachstum.

Interessant wird es nun, wenn man zwei Replikatoren hätte, d.h. einen aus A, B und C – und einen zweiten aus, sagen wir mal A, B' und C'. A und B reagieren zu C, aber genauso reagiert A mit B' zu C'. Beide konkurrieren somit um das Molekül A. Angenommen, man würde nun in einem Gefäß einmal B und C sowie B' und C' vorlegen, aber nur soviel A dazu geben, so dass die beiden Replikatoren um A konkurrieren müssen. Dann sollte (so hat man zumindest theoretisch gezeigt) wenn man es richtig anstellen würde, sich einer dieser Replikatoren durchsetzen, da er schneller wäre als der andere und das Molekül A dem anderen wegnähme. Man hätte somit eine Art chemische Evolution.

Spätestens seit den 1980er Jahren wurde intensiv nach selbstreplizierenden Reaktionen gesucht und im Jahr 1986 wurde dann durch Günter von Kiedrowski an der Universität Göttingen das erste Reaktionssystem dieser Art vorgestellt. Es hat chemisch übrigens große Ähnlichkeit mit der DNA. Eine chemische „Schwester" der DNA, die RNA, die chemisch sehr ähnlich aufgebaut ist, kann sich nicht nur selbst replizieren, sie kann auch viele Reaktionen katalysieren. Für diese Erkenntnis gab es übrigens einen Nobelpreis, im Jahre 1989. Obendrein hat man festgestellt, dass die Ursuppe höchstwahrscheinlich Moleküle enthielt, die als Ausgangssubstanzen für die Synthese von RNA dienen können. Viele Modelle über die Entstehung des Lebens auf der Erde gehen inzwischen von einer Art „RNA-Welt" aus, d.h. einem Urozean, in der die RNA quasi das Sagen hatte.

Nach der Synthese des ersten DNA-Replikators wurde versucht, nicht nur weitere Replikatoren auf Basis von DNA oder RNA aufzubauen (obwohl diese vielleicht tatsächlich in der Natur einmal vorgekommen sind), sondern auch Systeme, die auf anderen Reaktionen und chemischen Strukturen beruhen. Der Grund dafür ist zum einen, dass man an der grundsätzlichen Wirkungsweise von Replikatoren interessiert ist, zum anderen, dass man „synthetische" Systeme, so hofft man zumindest, besser „tunen" kann, um gewünschte Effekte zu erzielen. Der erste synthetische Replikator dieser Art, der nichts mehr mit der DNA zu tun hat, wurde übrigens ebenfalls von Günter v. Kiedrowski, zusammen mit seinem Diplomanden Andreas Terfort im Jahre 1992 vorgestellt.

Ich möchte Ihnen einen etwas neueren synthetischen Replikator vorstellen, der im Jahr 2000 von Maik Kindermann im Labor von Günter von Kiedrowski, inzwischen Professor an der Ruhr-Universität Bochum, synthetisiert wurde. Dies aus zwei Gründen: Zum einen, weil er nicht sehr groß ist und somit anschaulich, zum anderen, weil das mit der Selbstreplikation nicht so einfach ist.

Wenn man sich das obige Schema noch mal anschaut, sieht man, was ein bedeutender Haken an der Sache ist. Wenn beide Moleküle C so gut zusammenpassen – warum sollen sie sich dann trennen? Wenn aber sich der Komplex C_2 nicht trennt, dann kann auch C nicht als Katalysator wirken – es ist quasi totgestellt. Als Günter von Kiedrowski seinen ersten Replikator untersuchte, stellte er fest, dass tatsächlich nur ein Teil der Produkte C aktiv ist, ein anderer Teil nicht. Für eine echte chemische Evolution braucht man, wie er in theoretischen Untersuchungen gezeigt hatte, aber Replikatoren, die besser funktionieren. So eine große Sensation der erste Replikator war, für eine chemische Evolution ist er leider nicht geeignet. Der Replikator von Maik Kindermann kommt einem solchen idealen Replikator schon sehr nahe und auch das macht ihn so interessant. Er ist in der folgenden Grafik dargestellt:

Die eigentliche Reaktion ist wie im Kapitel vorher auch hier eine Diels-Alder-Reaktion. Dabei müssen, damit eine Reaktion stattfinden kann, sich die folgenden markierten Bereiche in günstiger räumlicher Nähe zueinander befinden:

Genau wie im Kapitel vorher „klappen" bei der Reaktion dabei drei Doppelbindungen „um":

Überträgt man diese Reaktion auf das generelle Schema, was oben gezeigt ist, so ergibt sich folgendes Bild:

Eine Bindung fürs Leben

Wie man sieht, sind es gerade mal jeweils zwei Wasserstoffbrückenbindungen en, die das Molekül A und B an das Produkt C binden – aber das reicht aus! Wenn Sie sich die Struktur des Komplexes ABC oben links im Bild anschauen, sehen Sie das Wesentliche: Ähnlich wie beim System von Andrew Hamilton im vorigen Kapitel, sorgt auch hier das Produkt C dafür, dass die reaktionsentscheidenden Bereiche von A und B günstig beieinander liegen und somit die Reaktion zwischen ihnen beschleunigt stattfinden kann.

Auch diese Reaktion wurde mittels der ^{1}H-NMR-Methode untersucht und man kann sehr gut den Reaktionsverlauf daraus erkennen:

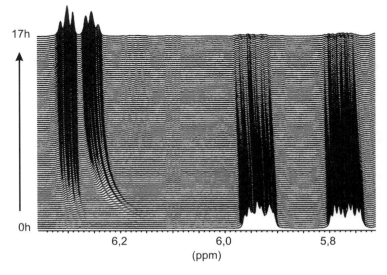

Dieses Bild zeigt einen Ausschnitt des Gesamtspektrums, denn natürlich gibt es viel mehr Wasserstoffatome in den jeweiligen Molekülen. Man erkennt aber daraus sehr gut, wie die Reaktion verläuft. Links sind die Signale für das Produkt C, rechts die Signale von Molekül A. Am Anfang entsteht nur sehr wenig C – aber dann geht's los!

Dass das System tatsächlich selbstreplizierend ist, kann man anhand der Geschwindigkeit feststellen, mit der das Produkt C gebildet wird. Man kann aber auch – und das wurde untersucht – einfach z.B. das Molekül B so verändern, dass es keine Wasserstoffbrückenbindungen mit A und dem neuen Produkt C eingeht, etwa so:

Diese Reaktion läuft viel langsamer als die des Replikators ab, da keine Bindung zwischen den Molekülen stattfindet. Ähnlich sieht es aus, wenn man das Molekül B gleich lässt, aber das Molekül A verändert. Somit sind die Wasserstoffbrückenbindungen entscheidend.

Warum ist dieser Replikator fast nahe am idealen Wachstum? Dies wurde natürlich ebenfalls untersucht und einer der Gründe ist, dass der Komplex C_2 ein bisschen „krumm" ist, d.h. dass zwei Moleküle C sich zwar gegenseitig finden und Wasserstoffbrückenbindungen ausbilden, aber nicht so wirklich ideal zueinander passen:

Wie Sie an der oberen Grafik, durch die grauen Balken angedeutet, sehen, passen die beiden Erkennungsstellen nicht haargenau zusammen, sondern bilden eine Art Winkel. Der Komplex C_2 trennt sich somit relativ leicht. Die Moleküle A und B sind deutlich kleiner und beweglicher und können sich somit einfacher an das Molekül C anlagern – und genau das will man.

Wenn Sie sich die Moleküle aus Kapitel 9, in dem ich beschrieben habe, wie man Wasserstoffbrückenbindungen messen kann, noch mal anschauen, werden Sie feststellen, dass diese den beiden Molekülen A und B ziemlich ähnlich sind. Allerdings reagieren sie nicht miteinander und somit kann man sie als Modellsubstanzen einsetzen, um bestimmte Daten zu erhalten, die man braucht, um das Replikationssystem gut zu untersuchen.

Kennt man denn inzwischen eine molekulare Evolution? Leider nicht. Die große Schwierigkeit besteht darin, dass Replikationssysteme sehr schwer zu finden sind und außerdem für eine molekulare Evolution noch weitere Bedingungen erfüllt sein müssen. Bisher ist noch niemand soweit gekommen, dass alles zusammenpasst. Schon wenn man den beschriebenen Replikator nur ein wenig verändert, so findet man, dass keine Selbstreplikation mehr stattfindet. Manchmal findet sogar gar keine Reaktion mehr statt.

Für Forscher, die wissen wollen, wie das Leben auf die Erde gekommen ist, gibt es also noch genug zu tun.

12   Wie Avalokiteshvara und Durga

In diesem Kapitel möchte ich einen Aspekt genauer beschreiben, den ich bisher etwas „unterschlagen" habe. Und das ist die Tatsache, dass die meisten bisher beschriebenen Reaktionen nicht im luftleeren Raum stattfinden, sondern in einer Lösung. Das ist auch einsichtig, denn irgendwie müssen sich die Moleküle ja treffen und das geht am besten, wenn sie in einer Flüssigkeit gelöst sind. Allerdings nicht in Wasser. Da funktionieren die Reaktionen z.B. die aus Kapitel 11 nicht, auch die Wasserstoffbrückenbindungen aus Kapitel 7 und 9 wird man nicht messen können.

Warum? Dies liegt zum einen daran, dass sich die beschriebenen Moleküle in Wasser teilweise schlecht lösen, aber das ist nicht der Hauptgrund. Der Hauptgrund ist, dass Wasser selbst Wasserstoffbrückenbindungen bildet und somit die Moleküle daran hindert, sich zu finden. Und da das Wasser das Lösemittel ist, sind natürlich viel mehr Wassermoleküle als sonstige Moleküle vorhanden. Übertragen auf das Bild vom Opernball hieße das, dass ein Tänzer versucht, in einem Ballsaal eine Tänzerin zu finden, aber auf hundert Herren gibt es nur eine Dame. Das wird mit dem Tanzen dann natürlich schwirig.

Meist nimmt man daher Lösemittel wie z.B. Chloroform, um molekulare Erkennung zu untersuchen. Wie können sich aber auch in Wasser (oder anderen Lösemitteln, die Wasserstoffbrücken ausbilden) die Moleküle finden? Was könnte unser Tänzer tun?

Wenn er ein normaler Gentleman ist, relativ wenig. Anders sieht das aus, wenn er zufällig Ähnlichkeit mit dem Bodhisattva Avalokiteshvara hat, einer Art „Geistwesen" des Buddhismus. Avalokiteshvara hat nämlich elf Köpfe und, was noch wichtiger ist, tausend Arme! Damit ist es schon einfacher, eine Dame zu erhaschen. Sollte diese Dame zufällig auch noch Ähnlichkeit mit der hinduistischen Göttin Durga haben, die je nach Situation bis zu zwanzig Arme haben kann, wird es sogar noch einfacher.

Genau dieses Phänomen taucht z.B. bei der DNA auf. Wie Sie schon kennengelernt haben, erkennt DNA sich selbst in Wasser. Allerdings braucht man auch bei DNA eine Länge von mindestens zehn bis zwanzig Basen und somit mehr als zwanzig Wasserstoffbrückenbindungen – wieviel genau hängt etwas von der Konzentration und von sonstigen Bedingungen ab – um sicherzustellen, dass DNA wirklich als Doppel-Helix vorliegt. Ansonsten würde die DNA von den Wassermolekülen voneinander getrennt.

Nichts anderes als ihren Molekülen viele „Arme" zu geben, haben aber auch mehrere Forscher und vor allem deren Arbeitsgruppen unternommen, auf deren Ergebnisse ich in diesem Kapitel eingehen will. Aber vorher will ich die Frage beantworten, warum es überhaupt interessant ist, molekulare Erkennung in Wasser zu untersuchen.

Die Antwort ist einfach die, dass auch im menschlichen Körper nahezu alle Reaktionen in Wasser stattfinden. Wenn man nun molekulare Erkennungssysteme benutzen will, um z.B. neue Medikamente oder Diagnostika zu entwickeln, so müssen diese auch in Wasser wirksam sein. Somit haben viele Forscher versucht, entsprechende Systeme zu entwickeln, die auch in Wasser oder ähnlichen Lösemitteln funktionieren.

Einer dieser Forscher ist Carsten Schmuck von der Universität Duisburg-Essen. Er untersuchte z.B. das folgende Molekül[14], welches von ihm 1999 vorgestellt wurde:

Gibt man dieses Molekül in Wasser, so findet es sich tatsächlich und bildet Wasserstoffbrücken mit sich selbst. Das liegt natürlich vor allem daran, dass es gleich sechs Stück auf kürzester Distanz sind und zwar so:

Ein anderes, deutlich größeres Molekül, was aber dasselbe „Grundmotiv" benutzt, wurde von Prof. Schmuck im Jahre 2005 vorgestellt und als „molekulare Fliegenfalle" bezeichnet. Es sieht so aus:

---

[14] Eine kleine Anmerkung: Dieses Molekül hat sowohl eine negative Ladung an einem der Sauerstoffe wie auch eine positive an einem der Stickstoffe, der obendrein noch „vierbindig" ist. Trotzdem ist es – aus Gründen, über die ich jetzt einfach mal hinweggehen möchte – sehr stabil.

Wie man sieht, verfügt es über eine „Zentraleinheit" und drei „Arme" – und bindet das folgende Molekül so gut, dass es dieses (fast) nicht mehr hergibt, selbst in Wasser. Sie kenne es alle zumindest dem Namen nach, denn es handelt sich dabei um Zitronensäure:

Zitronensäure

Wie funktioniert das? In etwa so: In der folgenden Grafik ist die Bindung einer der drei Carbonsäureeinheiten der Zitronensäure, welches als sogenanntes Citrat, d.h. mit negativen Ladungen vorliegt, an die „Fliegenfalle" gezeichnet:

Allerdings ist nicht nur eine der Carbonsäureeinheiten an die „Fliegenfalle" gebunden, sondern alle drei. Dabei „klappen" die drei Arme zur Zitronensäure hin „um". Schematisch kann man sich das so vorstellen:

Diese gleich dreifache „Umklammerung" sorgt für die unglaublich starke Anziehungskraft, so dass die Zitronensäure quasi „eingefangen" ist. Sie erkennen vielleicht jetzt schon, wozu solche Moleküle gut sein können, nämlich z.B. dazu, Substanzen nachzuweisen oder sie aus Lösungen „herauszufischen".

Eine Bindung fürs Leben   101

Zeitlich etwas früher, nämlich in den 1990er Jahren, veröffentlichte ein anderer Forscher, George Whitesides von der Harvard University eine Strategie, Moleküle so anzuordnen, dass sich regelrechte molekulare Architekuren mit Netzwerken aus Wasserstoffbrückenbindungen einstellen. Dabei ging er zunächst von den beiden folgenden Molekülen aus:

Wenn man diese zusammengibt, so entsteht eine Art zweidimensionales Netzwerk mit einem Muster, was etwas an einen Orientteppich erinnert:

Dieses Netzwerk sorgt dafür, dass diese beiden Moleküle zusammen einen Feststoff bilden – und sich in so gut wie gar keiner Flüssigkeit mehr lösen. Dies verhindert, dass man damit ernsthaft Chemie betreiben kann. Prof. Whitesides hat nun die beiden Moleküle ein bisschen verändert, indem er an entscheidenden Stellen ein paar Kohlenstoffketten, wie immer einfach nur mit „R" bezeichnet, einfügte und einmal einen Stickstoff durch einen Kohlenstoff ersetzte, nämlich so:

Nun entsteht ein Netzwerk, das immer noch imposant anzuschauen, aber eben etwas kleiner ist und sich somit auch löst, so dass man damit Chemie betreiben kann:

Prof. Whitesides bezeichnet diese Struktur als „Rosette" und hat eine ganze Reihe derartiger Rosetten vorgestellt.

Eine Bindung fürs Leben 103

Jean-Marie Lehn[15] vom College de France in Paris realisierte ein ganz ähnliches System im Jahre 1996. Jedoch verwendete er dafür nicht zwei verschiedene Moleküle, sondern nur ein einziges, nämlich dieses:

Es bildet ebenfalls eine Art Sechseck mit folgender Struktur:

---

[15] Anm.: Er ist einer der Nobelpreisträger, die für die Forschungen über Kronenether, s. Kap. 6, ausgezeichnet wurden.

Eine noch andere Herangehensweise wählte Steven C. Zimmerman von der University of Illinois. Die Startmoleküle seines Systems, welches er mit seinen Mitarbeitern ebenfalls 1996 veröffentlichte sind die beiden folgenden:

Dabei ist die Architektonik der Moleküle, bei der das linke gerade ist, das rechte etwas gebogen, nicht zufällig. Gibt man diese Moleküle nun zusammen, so erkennen diese sich über die folgenden Wasserstoffbrückenbindungen, die beispielhaft an einem Komplex aus drei Molekülen gezeigt sind.

Aber links und rechts können sich natürlich noch weitere Moleküle anlagern. Dies führt dazu, dass sich eine Art „molekulare Schraube" bildet, die ungefähr so aussieht:

Eine Bindung fürs Leben

Zum Abschluss dieses Kapitels möchte ich noch einmal auf zwei Themen eingehen, die Sie bereits aus früheren Kapiteln kennengelernt haben. Zunächst möchte ich auf ein Molekül zurückkommen, welches ich etwas vorher, im Kapitel 7 beschrieben habe, nämlich auf das System von E.W. „Bert" Meijer. Sie werden sich vielleicht erinnern, es sah so aus:

Es besitzt somit auch schon eine ganze Menge „Arme". Prof. Meijer und seine Arbeitsgruppe haben nun dieses Molekül etwas verändert bzw. erweitert, nämlich den Rest „R", der im Molekül aus Kapitel 7 einfach aus einer Kohlenstoffkette bestand, etwas anders gestaltet:

Sie sehen, dass alte Molekül mehr oder minder verdoppelt worden ist. Beim genaueren Hinsehen erkennen Sie aber, dass dieses neue Molekül nicht deckungsgleich eine Bindung mit sich selbst eingehen kann, weil die Erkennungsstellen nicht so richtig zueinander passen:

Zum einen müsste sich das Molekül in der Mitte einmal um die eigene Achse drehen, zum anderen stehen die beiden Wasserstoffe immer genau in der Mitte und die beiden anderen Bindungsstellen außen. Dies ist natürlich genauso gewollt!

Wie verhält sich nun dieses Molekül? Es geht trotzdem eine molekulare Erkennung mit sich selbst ein, weil die Bindung mit immerhin vier Wasserstoffbrückenbindungen sehr stark ist. Allerdings ergibt sich dabei eine Anordnung, bei der das zweite Molekül etwas auf Lücke steht:

Von den möglichen acht Bindungsstellen (vier links, vier rechts) werden so nur vier genutzt. Also bleiben Bindungsstellen übrig, an die sich weitere Moleküle anlagern können. Am Ende entsteht eine lange Kette:

Aus Messungen ergibt sich, dass in dieser Kette mehr als hundert Moleküle aufgereiht sein können. Dadurch wird die Kette so lang, dass sich makroskopisch eine Struktur ausbildet, die ähnliche Eigenschaften hat wie Plastik. Plastik, z.B. das Plastik aus Ihrer Plastiktüte besteht ja ebenfalls aus Molekülen mit sehr langen Ketten, wie ich in Kapitel 5 bereits geschildert habe.

Allerdings besteht zwischen der Kette von Prof. Meijer und dem Plastik Ihrer Plastiktüte, welches chemisch Polyethylen heißt, ein wesentlicher Unterschied. Im Polyethylen sind alle Bindungen in der Kette kovalent und somit lassen sich diese nur schwer aufbrechen. In der Kette von Prof. Meijer ist nur ein Teil der Bindungen kovalent, nämlich der innerhalb des Kettenmoleküls. Die Bindungen zwischen den Molekülen sind Wasserstoffbrückenbindungen. Zwar sind diese, wenn man die Bedingungen richtig wählt, fast so stark wie eine richtige kovalente Bindung. Verändert man aber die Bedingungen, so brechen die Wasserstoffbrückenbindungen auseinander und die Kette fällt in sich zusammen. Somit kann man allein durch die Wahl der äußeren Bedingungen einstellen, ob sich eine Plastik-Struktur ausbildet oder nicht.

Zum Schluss komme ich noch einmal auf die DNA zurück. Wie Sie sich erinnern, läuft die Informationsübertragung in der DNA über die Struktur der Wasserstoffbrückenbindungen, bei denen nur Adenin/Thymin einerseits und Guanin/Cytosin andererseits zusammenpassen.

Nun kommt es im Körper leider manchmal vor, dass die DNA angegriffen wird und sich die molekulare Struktur verändert. Das kann dann auf den Kopiermechanismus fatale Auswirkungen haben, was wiederum eine der Hauptursachen für Krebs darstellt.

Ein Beispiel: Wenn in der DNA zwei Thymine nacheinander folgen, kommt es vor, dass sie unter der Einwirkung von UV-Licht miteinander folgendermaßen reagieren:

Dies führt dazu, dass bei einem späteren Kopiervorgang diese Thymine oft nicht mehr erkannt werden, d.h. an dieser Stelle gibt es eine „Fehlkopie". Diese derartigen Fehlkopien sind eine der Hauptursachen für Hautkrebs. Deshalb sollte man eine UV-Schutzcreme verwenden, wenn die Haut längerer Zeit der Sonnenstrahlung ausgesetzt ist, da das Sonnenlicht UV-Strahlung enthält. Eine derartige Schutzcreme fängt diesen UV-Anteil größtenteils ab und kann so diese Reaktion weitgehend verhindern.

Eine andere, sehr wichtige Veränderung ist die Reaktion von Guanin mit Umweltgiften etc. zu einer Verbindung, die 8-Oxo-Guanin heißt und folgendermaßen aussieht:

Guanin → **8-Oxo-Guanin**

Der Bereich, an dem sich das Guanin verändert hat, ist markiert. Das 8-Oxo-Guanin hat nun die unangenehme Eigenschaft, dass es nicht nur mit Cytosin Wasserstoffbrücken eingeht, sondern auch mit Adenin und zwar so:

Dadurch ist nun fatalerweise nicht mehr sichergestellt ist, dass bei einer Kopie der DNA ein Cytosin eingebaut wird. Genauso gut kann es passieren, dass die neue DNA an dieser Stelle dann ein Adenin enthält und das ist ein Fehler. Leider unterscheiden sich 8-Oxo-Guanin und Guanin nur unwesentlich. Es ist somit relativ schwer ist, 8-Oxo-Guanin in der DNA nachzuweisen.

Prof. Dr. Shigeki Sasaki von der Kyushu-Universität in Fukuoka und seine Mitarbeiter haben nun 2011, also kurz bevor ich dieses Buch fertiggeschrieben habe, einen „Detektor" für 8-Oxo-Guanin entwickelt, den ich Ihnen gern vorstellen möchte. Er sieht so aus:

Eine Bindung fürs Leben

Wie Sie sehen, besteht das Molekül aus zwei Teilen, nämlich einem Adenin (unten, das hellere Molekül), an den noch ein zweites Molekül (für Interessierte: Ein sogenanntes Diazaphenoxazin, das dunklere Molekül) angebunden ist. Dieser Detektor kann in einen DNA-Strang eingebaut werden und dazu dienen, 8-Oxo-Guanin nachzuweisen.

Hierzu nimmt man eine Test-DNA, in der man ein 8-Oxo-Guanin vermutet und gibt eine „Detektor-DNA" dazu. Diese hat man so synthetisiert, dass, falls die Vermutung stimmt, im DNA-Doppelstrang dem 8-Oxo-Guanin nun dieses Detektormolekül gegenübersteht. Das Detektormolekül bildet nun mit dem 8-Oxo-Guanin einen sehr stabilen Komplex, in der sich das Detektormolekül etwas um das 8-Oxo-Guanin „herumwindet" und gleich fünf Wasserstoffbrückenbindungen ausbildet:

Somit kann man anhand der Wasserstoffbrückenbindungen das Vorhandensein von 8-Oxo-Guanin nachweisen. Das wäre nun schon ganz gut, aber dieser Detektor kann noch mehr. Er hat nämlich die angenehme Eigenschaft, dass er, wenn man das Detektormolekül mit geeignetem Licht bestrahlt, seinerseits intensiv blau-grünes Licht leuchtet. Dies gilt allerdings nur im „freien Zustand". Wenn sich nämlich der oben gezeigte Komplex aus 8-Oxo-Guanin und dem Detektormolekül ausbildet, so verändern sich aufgrund der Wasserstoffbrückenbindungen die elektronischen Zustände des Detektormoleküls etwas. Das führt dazu, dass nun das Molekül nicht mehr leuchtet.

Prof. Sasaki und seine Mitarbeiter konnten zeigen, dass diese „Löschung" tatsächlich nur dann stattfindet, wenn in einem DNA-Doppelstrang das Detektormolekül (in der „Detektor-DNA") einem 8-Oxo-Guanin (in der „Test-DNA") gegenübersteht. Bei jeder anderen gegenüberliegenden Base strahlt das Detektormolekül weiterhin blau-grünes Licht aus. Somit kann man auch optisch nachweisen, dass tatsächlich Wasserstoffbrückenbindungen zwischen 8-Oxo-Guanin und dem Detektor gebildet wurden.

Warum ist dies so wichtig? Ganz einfach deshalb, weil sich über derartige optische Methoden Moleküle in sehr, sehr kleinen Konzentrationen nachweisen lassen. Ein Nachweis über andere Methoden wie z.B. ^{1}H-NMR aus Kapitel 9 ist aufwendiger und man braucht auch mehr Substanz.

13 Abschluss und Danksagung

Ich möchte mich an dieser Stelle bei Ihnen bedanken, dass Sie bis hier durchgehalten haben – immerhin habe ich Sie wie angekündigt von ganz einfachen Molekülen wie Wasser über die DNA und Enzymen bis hin zu aktueller Forschung geführt.

Dieses Buch behandelt gezielt nur ein Thema, nämlich das der Wasserstoffbrückenbindung, aber ich hoffe, dass Ihnen trotzdem nicht langweilig geworden ist und Sie gesehen haben, welche wichtige Rolle Wasserstoffbrückenbindungen in Ihrem Leben spielen, auch wenn Sie sich vielleicht dessen noch gar nicht so bewusst waren.

Weiterhin möchte ich mich bei einigen Menschen bedanken, die mich bei der Entstehung dieses Buches unterstützt haben.

Als erstes möchte ich Dr. Maik Kindermann danken, der mir erlaubte, Teile seiner Doktorarbeit in dieses Buch einfließen zu lassen und mir daraus Abbildungen zur Verfügung stellte. Zudem hat er dieses Buch Korrektur gelesen.

Dr. Malte Reimold, der in perfekter Weise naturwissenschaftliches Verständnis und grafische Gestaltungskunst in sich vereint, sorgte dafür, dass aus meinen kruden Vorlagen Bilder und Grafiken entstanden, die man sich auch anschauen mag.

Max Düren, Dr. Stefan Höppner, Tianqiao Pan und vor allem Ute Hüttermann haben mir nach Durchsicht und Korrektur einer ersten Version dieses Buches wertvolle Ratschläge zur Verbesserung des Verständnisses gerade bei „Nicht-Naturwissenschaftlern" gegeben.

Frau Berber-Nerlinger vom Oldenbourg Verlag danke ich für das Lektorat und die Unterstützung bei der Erstellung dieses Buches.

Prof. Dr. Shigeki Sasaki und Prof. Dr. Carsten Schmuck haben mir Forschungsdaten und Ergebnisse sowie Manuskripte von noch nicht veröffentlichten Arbeiten zur Verfügung gestellt.

Abschließend möchte ich meiner Frau E Hyun danken, nämlich dafür, dass sie zum einen großes Verständnis dafür hatte, dass ich auch manches Wochenende das Buch noch verbessern wollte – und dann dafür, dass sie das Buch durchgelesen hat und mir dann sagte, wo solche Verbesserungen nötig waren.

Literatur

Anbei habe ich eine Literaturliste zusammengestellt für den Fall, dass Sie bestimmte Themen dieses Buches noch weiter vertiefen wollen.

Die meisten grundlegenden Informationen von Kapitel 1 bis 5 entstammen dem „Hollemann-Wiberg":

Hollemann, Wiberg, Lehrbuch der Anorganischen Chemie, 102. Auflage, Berlin 2007

Für die Kapitel 6 bis 12 habe ich mich ansonsten auf mein eigenes Lehrbuch sowie den „Voet-Voet" gestützt:

Bräse, Bülle, Hüttermann, Organische und Bioorganische Chemie, 2. Auflage, Weinheim 2008

Voet, Voet, Pratt, Beck-Sickinger, Hahn, Lehrbuch der Biochemie, 2. Auflage, Weinheim 2010

Kapitel 1

Falls Sie sich für die 112 chemischen Elemente genauer interessieren, empfehle ich Ihnen:

Ulf von Rauchhaupt, Die Ordnung der Stoffe: Ein Streifzug durch die Welt der chemischen Elemente, 2. Aufl., Frankfurt, 2009

Genesis, "Fly on a windshield/Broadway Melody of 1974", aus: The lamb lies down on Broadway 1974. Glaubt man dem Lied, so „produziert" übrigens auch Howard Hughes (indirekt) Zyankali

Kapitel 6

Fight Club, Regie: David Fincher, USA 1999 nach dem 1996 erschienenen Buch von Chuck Palahniuk

Zu Kronenethern s. z.B. den Nobel-Vortrag von Charles Pedersen

Charles Pedersen, Die Entdeckung der Kronenether (Nobel-Vortrag), Angew. Chem. 1988, 100, 1053-1059

Zu Ionenkanälen s. z.B. den Nobel-Vortrag von Roderick MacKinnon

Roderick MacKinnon, Kaliumkanäle und die atomare Basis der selektiven Ionenleitung (Nobel-Vortrag), Angew. Chem. 2004, 116, 4363-4376

Kapitel 7

Das Molekül von „Bert" Meijer ist veröffentlicht in

F. H. Beijer, R. P. Sijbesma, H. Kooijman, A. L. Spek and E. W. Meijer, Strong dimerization of ureidopyrimidones via quadruple hydrogen bonding, J. Am. Chem. Soc. 1998, 120, 6761-6769

Kapitel 8

Erwähnung der DNA bei Max Raabe in seinem Lied: Klonen kann sich lohnen

Die Geschichte der Entdeckung der DNA steht u.a. in

J. D. Watson, Die Doppelhelix. Ein persönlicher Bericht über die Entdeckung der DNS-Struktur, Hamburg, 1997 (Nachdruck)

J. D. Watson, A. Berry, DNA. The secret of life, New York 2003

Jerry Donohues Lebenslauf steht u.a. bei Wikipedia unter http://en.wikipedia.org/wiki/Jerry_Donohue

Die Originalveröffentlichung von Watson & Crick:

J. D. Watson, F. H. C. Crick, A structure for desoxyribose nucleic acid, Nature 1953, 171,737-738

s. auch http://www.nature.com/nature/dna50/watsoncrick.pdf

Die (falsche) Struktur von Linus Pauling ist veröffentlicht in:

L. Pauling, R. B. Corey, A proposed structure for the nucleic acids, PNAS 1953, 39 (2), 84-97

Zur Genauigkeit des DNA-Kopiermechamismus empfehle ich folgenden Artikel von Prof. Dr. Gottfried Schatz aus der Neuen Zürcher Zeitung vom 17. Februar 2011:
http://www.nzz.ch/nachrichten/kultur/aktuell/schoepfer_zufall_1.9562044.html

Der G-Quadruplex ist u.a. beschrieben bei

M. Gellert, M. N. Lipsett, D. R. Davies, Helix formation by Guanylic Acid, PNAS, 1962, 48, 2013-2018

s. auch: www.quadruplex.org

Kapitel 9

Die beschriebene Messung entstammt der Dissertation von Dr. Maik Kindermann:

Maik Kindermann, Kleine organische Replikationssysteme und kristalline Filme durch Amidinium-Carboxylat-Wechselwirkungen an der Luft-Wasser-Grenzschicht, Dissertation, Bochum, 2001

Kapitel 10

Nur der Vollständigkeit halber:

Erich Kästner, Emil und die Detektive, 152. Aufl. Hamburg, 2010 (Erstveröffentlichung 1929)

Literatur

Falls Sie sich dafür interessieren, wie Automobil-Katalysatoren und ähnliche Katalysatoren dieses Typs funktionieren, empfehle ich den Nobel-Vortrag von Gerhard Ertl:

Gerhard Ertl, Reaktionen an Oberflächen: vom Atomaren zum Komplexen (Nobel-Vortrag), Angew. Chem. 2008, 120, 3478-3590

Es gibt bei Wikipedia einige empfehlenswerte Artikel, so etwa:

Zur Laktoseintoleranz: http://en.wikipedia.org/wiki/Lactose_intolerance

Zur Aldolreaktion s. http://de.wikipedia.org/wiki/Aldolreaktion

Zur Organokatalyse s. http://de.wikipedia.org/wiki/Organokatalyse

Zu Prolin: http://de.wikipedia.org/wiki/Prolin

Zum Carvon s.u.a.:

G. F. Russel, J. I. Hills, Odor differences between enantiomeric isomers, Science, 1971, 172, 1043-1044

Zur Laktoseintoleranz, s.u.a.

http://www.zeit.de/online/2007/09/laktose-milchzucker-gewoehnung?page=all

Die prolinkatalysierte Aldolreaktion ist zuerst beschrieben in

B. List, R. A. Lerner, C. F. Barbas, III., Proline-Catalyzed direct asymmetric aldol Reactions, J. Am. Chem. Soc. 2000, 122, 2395

Der Mechanismus ist u.a. veröffentlicht in

Linh Hoang, K. N. Houk, S. Bahmanyar, B. List, Kinetic and stereochemical evidence for the involvement of only one proline molecule in the transition states of proline-catalyzed intra- and intermolecular aldol reactions, J. Am. Chem. Soc. 2003, 125, 16-17

Die „Vorläufer"-Reaktionen aus dem Jahre 1971 sind u.a. veröffentlicht in

U. Eder, G. Sauer, R. Wiechert: Neuartige asymmetrische Cyclisierung zu optisch aktiven Steroid-CD-Teilstücken, in: Angew. Chem. 1971, 10, 492-493

Z. G. Hajos, D. R. Parrish: Verfahren zur Herstellung optisch aktiver biologischer Verbindungen, Deutsches Patent DE 2102623 (Anmeldedatum 20. Januar 1971)

Zur Diels-Alder-Reaktion:

S. C. Hirst, A. Hamilton, Complexation control of pericyclic reactions: supramolecular effects on the intramolecular Diels-Alder reaction, J. Am. Chem. Soc. 1991, 113, 382-383

Zu Streptavidin-Biotin s.u.a.

A. W. Hendrickson, A. Pähler, J. Smith, Y. Satow, E. A. Merritt, R. P. Phizackerley, Crystal structure of core streptavidin determined from multiwavelength anomalous diffraction of synchrotron radiation, PNAS, 1989, 86, 2190-2194,

Kapitel 11

Ein guter Einstieg in das Thema „Entstehung des Lebens" findet sich z.B. in der Doktorarbeit von Dr. Kindermann (s.o.)

Ansonsten empfehle ich das Buch von E. Szathmáry u. J. Maynard Smith: The major transitions in evolution. Oxford University Press, New York 1995

Der erste, DNA-basierte Replikator ist veröffentlicht in

G. von Kiedrowski, Ein selbstreplizierendes Hexadesoxynucleotid, Angew. Chem. 1986, 86, 932-934

Der erste vollsynthetische Replikator ist veröffentlicht in

A. Terfort, G. von Kiedrowski, Selbstreplikation bei der Kondensation von 3-Aminobenzamidinen mit 2-Formylphenoxyessigsäuren, Angew. Chem. 1992, 104, 626-628

Die Replikator-Theorie ist veröffentlicht in

G. von Kiedrowski, Minimal replicator theory I: Parabolic versus exponential growth, Bioorganic Chemistry Frontiers 1993, 3, 113-146

Zu RNA als Katalysator s.u.a. den Nobelvortrag von Sidney Altman:

Sidney Altman, Enzymatische Spaltung der RNA durch RNA (Nobel-Vortrag), Angew. Chem. 1990, 102, 735-744

Der „Kindermann-Replikator" ist in der Doktorarbeit von Dr. Kindermann veröffentlicht (s.o.) sowie in

M. Kindermann, I. Stahl, M. Reimold, W.M. Pankau, G. von Kiedrowski, Systems chemistry: Kinetic and computational analysis of a nearly exponential organic replicator, Angew. Chem. 2005, 117, 6908-6913

Kapitel 12

Zu Carsten Schmuck s.

C. Schmuck, Highly stable self-Association of 5-(Guanidiniocarbonyl)-1H-Pyrrole-2-Carboxylate in DMSO – The importance of electrostatic interactions, Eur. J. Org. Chem. 1999, 2397-2403

C. Schmuck, M. Schwegmann, A molecular flytrap for the selective binding of citrate and other tris-carboxylates in water, J. Am. Chem. Soc. 2005, 127, 3373-3379

Literatur

Zu George Whitesides s.

G. M. Whitesides, E. E. Simanek, J. P. Mathias, C. T. Seto, D. N. Chin, M. Mammen, D. M. Gordon, Noncovalent synthesis: Using physical-organic chemistry to make aggregates. Acc. Chem. Res. 1995, 28, 37

Zu Jean-Marie Lehn s.

A. Marsh, M. Silvestri, J.-M. Lehn, Self-complementary hydrogen bonding heterocycles designed for the enforced self-assembly into supramolecular macrocycles, J. Chem Soc. Chem. Commun. 1996, 13, 1527-1528

Zu Steven Zimmerman s.

P. M. Petersen, W. Wu, E. E. Fenlon, S. Kim, S. C. Zimmerman, Synthesis of heterocycles containing two cytosine or two guanine base-pairing sites. novel tectons for self-assembly, Bioorg. Med. Chem. 1996, 4, 1107

Zu "Bert" Meijer, s.

R. P. Sijbesma, F. H. Beijer, L. Brunsveld, B. J. B. Folmer, K. J. H. K. Hirschberg, R. F. M. Lange, J. K. L. Lowe and E. W. Meijer, Reversible polymers formed from self-complementary monomers using quadruple hydrogen bonding, Science 1997, 278, 1601-1604

Zu Shigeki Sasaki s.

Y. Taniguchi, R. Kawaguchi, and S. Sasaki, Adenosine-1,3-diazaphenoxazine derivative for selective base pair formation with 8-Oxo-2'-deoxyguanosine in DNA, J. Am. Chem. Soc. 2011, 133, 7272-7275

Sachregister

1
¹H-NMR 63
   beim Kindermann-Replikator 93

8
8-Oxo-Guanin 108
   Detektor 108

A
Adenin 52
   molekulare Erkennung mit 8-Oxo-Guanin 108
   Wasserstoffbrückenbindung mit Thymin 59
Aggregatszustände 17
   Feststoffe 17
   Flüssigkeiten 18
   Gase 17
Alder, Kurt 83
Aldolreaktion 77
   Chiralität 77
Alkohol 27
Allylalkohol 29
Americium 2
Aminosäuren 86
Ammoniak 16
   Raumstruktur 22
   Siedepunkt 20
   Wasserstoffbrückenbindungen 19
anorganische Chemie 2
Antibiotika 43
Argon 2
Arrhenius, Svante 34
Atorvastatin 77
   Synthese mittels Aldolreaktionen 77
Autokatalyse 89
   Selbstreplikation 89

B
Benzol 29
Benzolringe 29
Berkelium 2
Berzelius, Jöns Jakob 87
Biotin 87
Blausäure 10
Borodin, Alexander 77
Borussia Dortmund 71

Butanol 32

C
Calcium 9
Calciumoxid 9
   Struktur 18
Californium 2
Carvon 74
   Chiralität 74
Chargaff, Erwin 54
chemische Evolution 91
chemische Gleichgewichte 70
Chiralität 74
   Laktoseintoleranz 75
   Nomenklatur 74
Chlolesterin
   in der Lipiddoppelschicht 40
Chlor
   Chlorgas 8
   Chlorid 5
   im Kochsalz 4
   Struktur des Chlormoleküls 8
Chlorgas 8
Chlorwasserstoff 16
Cholesterin 32
Cholesterol 32
Copernicium 2
Crick, Fran cis 54
Curium 2
Cytosin 52
   Wasserstoffbrückenbindung mit Guanin 59

D
Darmstadium 2
Desoxyribonucleinsäure *Siehe* DNA
Dichloroxid 16
Diels, Otto 83
Diels-Alder-Reaktion 83
   beim Kindermann-Replikator 92
DNA 51
   8-Oxo-Guanin 108
   Anordnung der Wasserstoffbrücken 58
   Basen 52
   Geschichte der Strukturaufklärung 54
   G-Tetrade 60
   Hoogsteen-Bindungen 60
   Kopiermechanismus 58

molekulare Erkennung 58
Rückgrat 52
Selbsterkennung in Wasser 97
Störung in der molekularen Erkennung 107
Struktur 51
DNS *Siehe* DNA
Donohue, Jerry 56

E
Edelgase 2
Einsteinium 2
Eis 24
Struktur 24
Elektronegativität 11
Elektronenpaare 8
Elemente 1
Enzyme 87
Proteine 87
Streptavidin 87
Erbium 2
Essigsäure 45
molekulare Erkennung 46
Raumstruktur 45
Wasserstoffbrücken 46
Ethanol 27
Raumstruktur 30

F
Fette 35
Struktur 35
Verseifung 36
Fettsäuren 36
Liposom 39
Mizellen 38
Seifen 38
Struktur 36
Francium 1
Franklin, Rosalind 54

G
Gabriel, Peter 10
Galaktose 75
Gallium 1
Germanium 1
Gleichgewichte 71
in der Chemie 70
Glucose 75
Glycerin 36
Glycerol 36
G-Quadruplex *Siehe* G-Tetrade
G-Tetrade 61
Guanin 52
G-Tetrade 60
korrekte Struktur 56
Struktur nach Davidson 56

Wasserstoffbrückenbindung mit Cytosin 59

H
Hamilton, Andrew 84
Harnstoff 2
Hassium 2
Hautkrebs 108
Helium 2
Hoogsteen, Karst 60
Hoogsteen-Bindungen 60
Hydride 7

I
Ionenbindung 4
Ionenkanäle 42
isotonische Lösung 40

K
Kalium 10
im Zyankali 10
Ionenkanäle 42
Kronenether 42
Katalysatoren 73
Autokatalyse 89
bei Diels-Alder-Reaktionen 82
in der Aldolreaktion 78
Prolin 76
Proteine 87
Selbstreplikation 89
Kiedrowski, Günter von 91
Kindermann, Maik 91
Kindermann-Replikator 91
Kochsalz
Dissoziation 34
Ionenbindung 4
Löslichkeit in Wasser 33
Struktur 17
Struktur in wäßriger Lösung 33
Kohlendioxid 9
Kohlenstoff 2
als Grundelement der organischen Chemie 27
im Kohlendioxid 9
kovalente Bindung 6
Kronenether 41
Giftigkeit 43
Natrium 41
Vergleich mit Ionenkanälen 42
Vergleich mit Valinomycin 43
Krypton 2

L
Laktoseintoleranz 75
Le Bel, Joseph 74
Lehn, Jean-Marie 103

Sachregister

Lipiddoppelschicht 40
Lipitor *Siehe* Atorvastatin
Liposome 39
   Struktur 39
List, Benjamin 78

M

Meijer, E.W. „Bert" 48, 105
   "schaltbare Kette" 105
   Ureidopyrimidone 48
Metallbindung 8
Methan 15
   Erdgas 15
   Siedepunkt 19
   Tetraederstruktur 22
Mizellen 38
   als Seifen 38
molekulare Erkennung 48
   "molekulare Fliegenfalle" 99
   bei der Selbstreplikation 93
   im Kindermann-Replikator 93
   in der DNA 58
   Ureidopyrimidone 48
molekulare Fliegenfalle 98
Mulder, Gerardus 87

N

Naphthalin 29
Natrium
   im Kochsalz 4
   Ionenkanäle 42
   Kronenether 41
   Natrium-Ionen 5
Neon 2

O

organische Chemie 2
   Organokatalyse 82
Organokatalyse 82

P

Pauling, Linus 54
Periodensystem der Elemente 3
Phosphin 16
Polonium 1
Prolin 76
   als Aminosäure 86
   Katalysator in der Aldolreaktion 78
Propanol 28
Propargylalkohol 29
Proteine 87
   als Katalysatoren 87
   Aminosäuren 87
   Enzyme 87
   Streptavidin 87

R

Raabe, Max 51
Roentgenium 2

S

Saccharose 32
Sasaki, Shigeki 108
Sauerstoff 2
   im Calciumoxid 9
   im Kohlendioxid 9
   Namensentstehung 1
   Siedepunkt 16
Schalke 04 71
Schmuck, Carsten 98
Schwefelwasserstoff 16
Seife 38
Selbstreplikation 89
   chemische Evolution 91
   Entstehung des Lebens auf der Erde 89
Silber 1
Sortis *Siehe* Atorvastatin
Stickstoff 2
   Struktur des Stickstoffmoleküls 8
Streptavidin 87

T

Terbium 2
Terfort, Andreas 91
Tetraeder 22
   Chiralität 73
   im Ethanol 30
Thymin 52
   Hautkrebs 107
   korrekte Struktur 56
   Reaktion unter UV-Licht 107
   Struktur nach Davidson 56
   Wasserstoffbrückenbindung mit Adenin 59
Traubenzucker *Siehe* Glucose

U

Ureidopyrimidone 48
Urozean 89
Ursuppe 89

V

Valinomycin 42
Van't Hoff, Jacobus 74
van-der-Waals-Kräfte 19
Verseifung 36
vis vitalis 2

W

Waschmittel 87
   Enzyme 87

Wasser 12
    als Lösemittel 27
    Dichteanomalie 21
    Ethanol 31
    Raumstruktur 23
    Schmelzpunkt 15
    Siedepunkt 15
Wasserstoff 2
    Namensentstehung 1
    Struktur des Wasserstoffmoleküls 6
Wasserstoffbrückenbindung
    bei der Selbstreplikation 93
    Definition 13
    im Ammoniak 19
    im Kindermann-Replikator 93
    in der Prolinkatalysierten Aldolreaktion 79
    Nachweis durch ^{1}H-NMR 63
    Rolle bei der Dichteanomalie des Wassers 25
    Rolle für den Siedepunkt des Wassers 18
    Vergleich mit Wiener Opernball 14
Wasserstoff-Kernspinresonanzspektroskopie *Siehe* ^{1}H-NMR
Watson, James 54
Whitesides, George 101
Wilkins, Maurice 54
Wöhler, Friederich 2

X
Xenon 2

Y
Ytterbium 2
Yttrium 2

Z
Zellen
    Lipiddoppelschicht 40
Zimmerman, Steven C. 104
Zitronensäure 99
    molekulare Erkennung 99
Zucker 32
    Chiralität 75
    Löslichkeit in Wasser 33
Zyanidion 10
Zyankali 10
    Blausäure 10
    Zyanidion 10

Δ
δ^- 12
    im Ammoniak 19
    im Wasser 13
    Rolle in der Wasserstoffbrückenbindung 13
δ^+ 12
    im Ammoniak 19
    im Wasser 13
    Rolle in der Wasserstoffbrückenbindung 13